爱上内蒙古恐龙丛书

# 我心爱的阿拉善龙

WO XIN'AI DE ALASHANLONG

内蒙古自然博物馆 / 编著

内蒙古人民出版社

**图书在版编目(CIP)数据**

我心爱的阿拉善龙 / 内蒙古自然博物馆编著. —
呼和浩特 : 内蒙古人民出版社, 2024.1
(爱上内蒙古恐龙丛书)
ISBN 978-7-204-17764-6

Ⅰ. ①我… Ⅱ. ①内… Ⅲ. ①恐龙-青少年读物
Ⅳ. ①Q915.864-49

中国国家版本馆 CIP 数据核字(2023)第 201766 号

**我心爱的阿拉善龙**

---

**作　　者**　内蒙古自然博物馆
**策划编辑**　贾睿茹　王　静
**责任编辑**　蔺小英
**责任监印**　王丽燕
**封面设计**　王宇乐
**出版发行**　内蒙古人民出版社
**地　　址**　呼和浩特市新城区中山东路 8 号波士名人国际 B 座 5 层
**网　　址**　http://www.impph.cn
**印　　刷**　内蒙古爱信达教育印务有限责任公司
**开　　本**　889mm×1194mm　1/16
**印　　张**　5.5
**字　　数**　160 千
**版　　次**　2024 年 1 月第 1 版
**印　　次**　2024 年 1 月第 1 次印刷
**书　　号**　ISBN 978-7-204-17764-6
**定　　价**　48.00 元

---

# “爱上内蒙古恐龙丛书”
# 编委会

扫码进入>>

# 内蒙古恐龙新闻站

NEIMENGGU KONGLONG XINWENZHAN

## 恐龙拼图

恐龙的种类上千种

你最喜爱哪一种？

玩拼图游戏
拼出完整的恐龙模样

## 恐龙快讯

震惊！阿拉善龙
竟然是吃素的！
看图文科普，快速解锁恐龙新知识

观看在线视频，享受视觉盛宴

走近恐龙
揭开不为人知的秘密

## 恐龙世界

## 恐龙访谈

倾听恐龙的心声

听说恐龙们都很有故事。

没办法，活得久见得多。

请展开讲讲……

内蒙古人民出版社 特约报道

内蒙古自治区阿拉善盟
温度：30℃

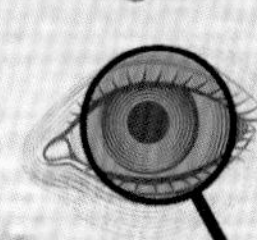

# 前　言



数亿年来，地球上出现过许多形形色色的动物，恐龙是其中最令人着迷的类群之一。恐龙最早出现在三叠纪时期，在之后的侏罗纪和白垩纪时期成为地球上的霸主。那时，恐龙几乎占据了每一块大陆，并演化出许多不同的种类。目前世界上已经发现的恐龙有1000多种，而尚未被发现的恐龙种类或许远超这个数字。

你知道吗？根据中国古动物馆统计，截至2022年4月，中国已经根据骨骼化石命名了338种恐龙，而且这个数字还在继续增长。目前，古生物学家在我国的26个省区市发现了恐龙化石，其中，内蒙古仅次于辽宁，是发现恐龙化石种类第二多的省区。

内蒙古现有40多种恐龙被命名，种类丰富，有很多具有重要的科研价值，如巴彦淖尔龙、独龙、乌尔禾龙和绘龙等。

你知道哪只恐龙创造过吉尼斯世界纪录吗？你知道哪只恐龙被称为“沙漠王者”吗？你知道哪只恐龙练就了“一指禅”功法吗？这些问题，在“爱上内蒙古恐龙丛书”中，都能找到答案。

“爱上内蒙古恐龙丛书”选取了12种有代表性的在内蒙古地区发现的恐龙，即巴彦淖尔龙、中国鸟形龙、临河盗龙、临河爪龙、乌尔禾龙、鄂托克龙、阿拉善龙、鹦鹉嘴龙、巨盗龙、绘龙、独龙和耀龙，详细介绍了这些恐龙的外形特征、发现过程以及家族成员等。每一种恐龙都有一张属于自己的“名片”，还有精美清晰的“证件照”，让呈现在读者面前的恐龙更加鲜活生动。

希望通过本丛书的出版，让大家看到内蒙古恐龙，乃至中国恐龙研究的辉煌成就，同时激发读者对自然科学的兴趣。

在丛书的编写过程中，我们借鉴了业内专家的研究成果，在此一并致谢！

02

# 第一章 恐龙驾到

你知道在《侏罗纪世界 3》中有一只自带武器、大战暴龙、刺伤南方巨兽的恐龙吗？它就是镰刀龙。镰刀龙家族非常神秘，它们长相怪异，骨骼奇特，被古生物学家称为“四不像”。它们虽然属于兽脚类恐龙，却是素食主义者。

02

# 我心爱的阿拉善龙

镰刀龙家族中有一类成员被称为“阿拉善龙”，它们也长着可怕的“镰刀手”，是中国发现的恐龙中爪子最大的。它们其实非常呆萌，和电影中那种大杀四方的形象并不相符。如果你想知道它们家族的故事，就随着恐龙猎人诺古来一探究竟吧。

内蒙古自治区阿拉善盟

温度：30℃

## 恐龙美甲店

招聘：镰刀龙家族美甲店现诚聘 3 名美甲师。

要求：手艺高超、品行端正、举止端庄，对动作缓慢的镰刀龙有热情和耐心，服务意识强。

**空位以待**
**只为等你！！！**

*Alxasaurus elesitaiensis*

阿乐斯台阿拉善龙

*Lynx lynx*

诺古

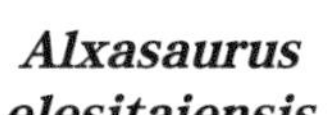

您好，有幸邀请您参加恐龙访谈节目。

大家好，我是阿乐斯台阿拉善龙。

您是来自阿拉善盟吗？

是的，我出生于内蒙古自治区阿拉善盟阿拉善左旗。

那里可是沙漠地区，想必您在那儿练就了一身的本领。

# 访谈

恐龙气象局温馨提示：

空气质量令人满意

未来 2 小时不会降雨

主持人：诺古　本期嘉宾：阿乐斯台阿拉善龙

史前的阿拉善盟可是一片绿洲，那里植物繁茂、水量充沛、土地肥沃，生活着很多恐龙。

好想去看看……您的“镰刀爪”也太大了吧，看来您也是凶猛的猎食者。

怎么说呢，我的前辈可能吃肉。虽然我们家族的“镰刀爪”是恐龙王国中最长的，但……

您不用多说，我能感受到这对“镰刀爪”的威力。在电影《侏罗纪世界3》中，我看到您的族人用“镰刀爪”刺穿了南方巨兽龙的身体。

想想都觉得威风。

简直就是恐龙版的“金刚狼”。

## 化石猎人成长笔记

南方巨兽龙生活在 9900 万年前，它们的体长约 13.7 米，身高可达 4.2 米。它们的嗅觉很好，前肢长有 3 根利爪，是凶猛的猎食者。

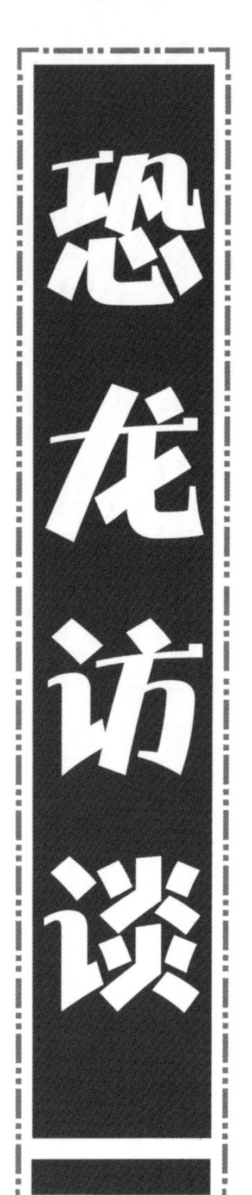

悄悄告诉你一个秘密。

您说，我一定会守口如瓶。

古生物学家推测我们的“镰刀爪”可能只是看起来有点吓人。

“镰刀爪”

啊，真的是这样吗？这也太不可思议了吧！

古生物学家测试了我们爪子的受力情况，发现我们的爪子比较脆弱，不能承受太大的力。

事实真的是这样吗？

是与不是还得靠你们研究。不过可以告诉你，我们的“镰刀爪”可以用来切割植物。

用“镰刀爪”切割植物

这对“镰刀爪”原来是你们随身携带的刀叉啊。哈哈哈，看来你才是真正的“吃货”，随时准备开吃。

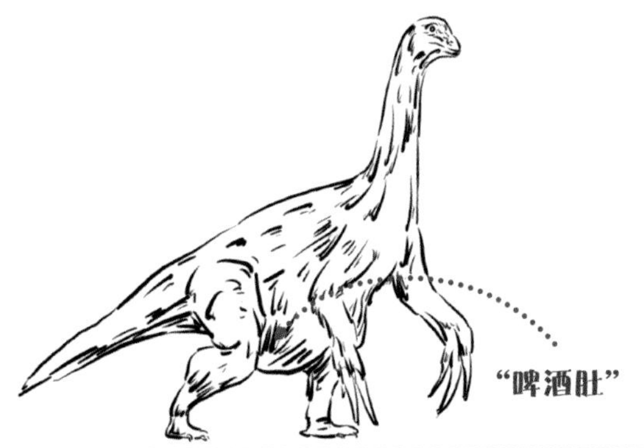

吃对于我们来说可是头等大事，后来我们镰刀龙家族有很多成员吃出了“啤酒肚”。

难道早期镰刀龙家族的成员，身材很苗条吗?

是的，它们不仅身材苗条，还有大长腿。

其实，“啤酒肚”并不健康，您还是要多向早期成员学习养生之道。

长出“啤酒肚”，并不是因为我们贪吃，最主要的原因可能是我们吃的食物不一样。早期成员可能是杂食，而我们是以植物为食。

镰刀龙家族成员

骗人的吧，吃植物还能吃出“啤酒肚”？

不信你看现生的大象、犀牛，它们的肚子也很大。我们长出“啤酒肚”是为了给肠道腾出更大的空间来消化吃下的大量植物纤维。

犀牛

看来吃植物并不能减肥。

我们那时吃的植物很粗糙，和你们现在的植物不一样。我知道这个“啤酒肚”看起来不是很美观，会让人觉得我们是那种大腹便便，又懒又馋的恐龙。但我们也是为了生存。

不好意思，刚刚误会你了……

恐龙王国将举办一场大型的马拉松比赛，在规定时间内跑完全程的恐龙将获得证书，前三名还将获得奖金。欢迎大家踊跃报名。期待你的加入！

恐龙王国

马拉松大赛

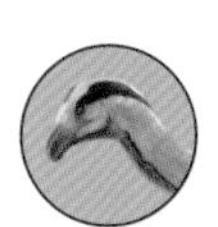

我都习惯了，古生物学家还给我们家族中的一位成员起名为“懒爪龙”，虽然其得名自“类似树懒的指爪”，但这名字听起来，让人感觉它是一只很懒的恐龙……

**化石猎人成长笔记**

懒爪龙

懒爪龙是北美洲发现的第一只镰刀龙类恐龙，它们身长约 4.5~6 米，高度约 3~3.6 米，是一种二足行走的恐龙。

的确容易让人误解。

其实，“啤酒肚”也会影响我们行动，让我们走得很慢。而我的“前辈”，如义县建昌龙、四合当凌源龙，它们都长着大长腿，跑起来很快。好羡慕它们。

别难过，相信“啤酒肚”也会给你们带来一些便利。

肚子变大以后，我们的体形也随之演化得越来越大。体形变大意味着可以争取到更多的植物资源，占领更多的生态位。早期成员的平均体长只有 2 米多，晚期成员的体长竟然能够达到 10 米。

镰刀龙家族成员体形变化

可是体形变大之后，行动也不是很方便啊，还挺着个“啤酒肚”。万一遇到猎食者，怎么办？

我们的“镰刀爪”还是很有威慑力的。除此之外，我们有兽脚类恐龙家族灵敏的感官，稍有动静，就能感知到。

镰刀龙类感官神经

您不是植食性恐龙吗？怎么又成兽脚类恐龙了呢？

这个说来话长，关于我们镰刀龙家族的身世，古生物学界一直争论不休。

身世成谜，这引起了我的好奇心，您快和我说说吧。

你的好奇心可真强……我们的骨骼很奇特，古生物学家把我们称作“四不像”。

“四不像”？那到底像什么啊？

古生物学家最初只发现了我们的前肢，以为我们属于龟类。

镰刀龙早期复原图

哈哈，我还没见过长这么长爪子的龟呢！

这是因为当时的化石稀少。随着越来越多的化石被发现，古生物学家才意识到我们是恐龙。但我们的“镰刀爪”又让古生物学家觉得我们是一种凶猛的肉食性恐龙。

这真是充满了波折。

后来，古生物学家发现我们的长脖子、叶片形牙齿、“啤酒肚”以及四根脚趾的支撑方式等特征和原蜥脚类恐龙比较相似，于是又认为我们属于原蜥脚类。

您还别说，您的长脖子和原蜥脚类恐龙真的很像。

## 化石猎人成长笔记

原蜥脚类

原蜥脚类是一群生活在三叠纪晚期到侏罗纪早期的植食性恐龙。它们的头部比较小，有着较长的脖子以及非常大的拇指尖爪，可用来保护自己。被誉为“中国第一龙”的许氏禄丰龙就属于原蜥脚类。

唉，之后古生物学家又发现我们的腰带结构和原蜥脚类恐龙不相同，于是认为我们既不是兽脚类恐龙，也不是原蜥脚类恐龙。

那为什么现在又属于兽脚类恐龙了呢？您都把我说糊涂了。

因为我们阿拉善龙为古生物学家提供了足够的证据，证明我们属于兽脚类恐龙。尤其是我们有半月形的腕骨，这是驰龙、伤齿龙等手盗龙类独有的特征。

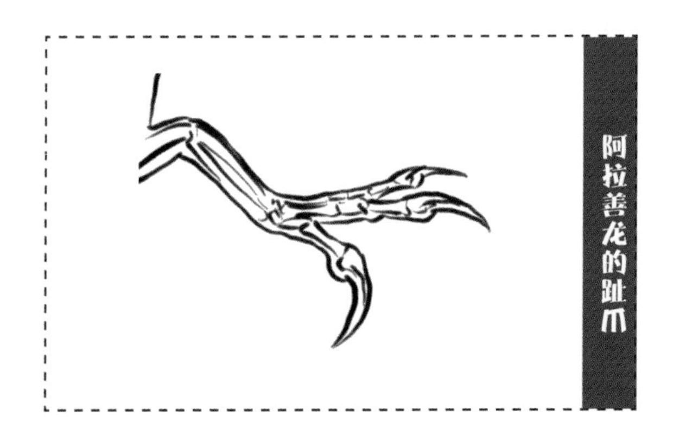

阿拉善龙的趾爪

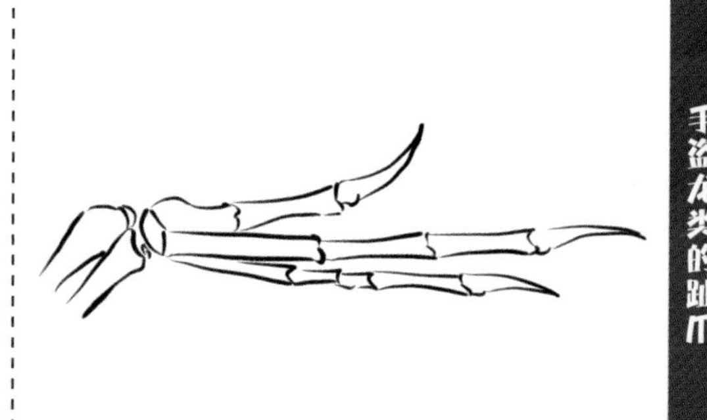

手盗龙类的趾爪

这么说，您的家族成员既拥有兽脚类恐龙的腕骨，又拥有原蜥脚类恐龙的脖子和牙齿，还拥有和谁都不像的腰带结构。

没错，是这样。不过古生物学家现在认定我们属于兽脚类恐龙，是因为我们的“前辈”——意外北票龙为此提供了证据。

“北漂龙”？难道那时候就开始北漂了?

是在辽宁省北票市发现的北票龙，它足部的特征和典型的兽脚类恐龙相似。

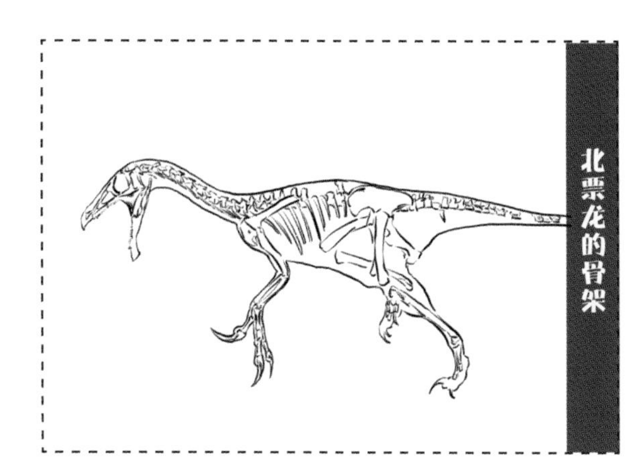
北票龙的骨架

不得不说您的身世可真是让古生物学家感到为难。

哈哈，这得问问我的祖先，为什么要演化成这样?

是啊，为什么呢?

我带你去认识我的“前辈”们，让它们来帮我们解答。

兽脚类恐龙

# 兽脚类恐龙中的“萌货”

阿乐斯台阿拉善龙 全部

**拉丁文学名：** *Alxasaurus elesitaiensis*

**属名含义：** 来自阿拉善的蜥蜴

**生活时期：** 白垩纪时期（1.12 亿 ~ 1 亿年前）

**命名时间：** 1993 年

1993 年，古生物学家将在内蒙古自治区阿拉善盟阿拉善左旗发现的恐龙命名为“阿乐斯台阿拉善龙”。这种恐龙的种名与属名都得自它出生的地方：属名“*Alxasaurus*”意为来自阿拉善的蜥蜴，此处的阿拉善指阿拉善沙漠；种名“*elesitaiensis*”标示其化石发现地为阿乐斯台村。

阿乐斯台阿拉善龙来历可不一般，它是迄今为止亚洲发现的保存最完整的白垩纪早期兽脚类标本。它属于赫赫有名的镰刀龙家族，从名字就能知道，它们的爪子就像大镰刀。

阿乐斯台阿拉善龙继承了镰刀龙家族的典型特征——超大的“镰刀爪”。古生物学家一发现它，就被它的爪子深深吸引住了。它可是一只有“武器”的恐龙，来自兽脚类家族的手盗龙类，它的很多“亲戚”是肉食性恐龙。

拥有这样强大的装备，人们想当然地认为它是肉食性恐龙，可它竟然是人畜无害的植食性恐龙，是兽脚类恐龙中罕见的“素食主义者”。它生活在植物繁茂的河谷（与现在的沙漠截然不同）地带，蕨类、松柏类等植物的叶子是它们喜爱的食物。它们的“镰刀手”就像自备的刀叉，可以抓取、切割带叶的树枝。

## 阿乐斯台阿拉善龙

全部

阿乐斯台阿拉善龙身长约 3.8 米，身高约 1.5 米，约重 400 千克，与现生斑马的重量相当。虽然它们用后肢行走，但是它们的前肢也很长，长约 1 米。

阿乐斯台阿拉善龙曾被古生物学家称为“四不像”。最让古生物学家奇怪的是它们的头骨与腰带以及盆骨，它们盆骨的排列方式既不像蜥臀类恐龙，也不像鸟臀类恐龙。它们嘴巴的上下排都长有牙齿，牙齿数量超过 40 颗，而且下颌连接处也长有牙齿。它们还长着和原蜥脚类恐龙一样的长脖子，最初差点被误认为是原蜥脚类恐龙。它们拥有兽脚类恐龙典型的半月形腕骨，这一明显特征让古生物学家最终将它们划分到兽脚类恐龙家族中。

在这之前，由于奇怪的长相，镰刀龙类恐龙的身份一直无法被明确，直到阿乐斯台阿拉善龙等一些镰刀龙被发现，古生物学家才明确它们属于兽脚类恐龙。阿乐斯台阿拉善龙对于整个镰刀龙家族身世的确认有着重要意义。

# 阿拉善龙家族树

镰刀龙下目包含镰刀龙家族的所有成员。家族成员体形大小不等，早期成员体形偏小，晚期成员体形逐渐变大。属于兽脚类恐龙，但是以植食为主。镰刀龙下目成员最早出现于侏罗纪，一直生存到白垩纪晚期。古生物学家根据化石情况，认为它们数量并不算多。最早的成员是来自云南峨山彝族自治州的出口峨山龙，体形最大的成员是来自蒙古国的镰刀龙。

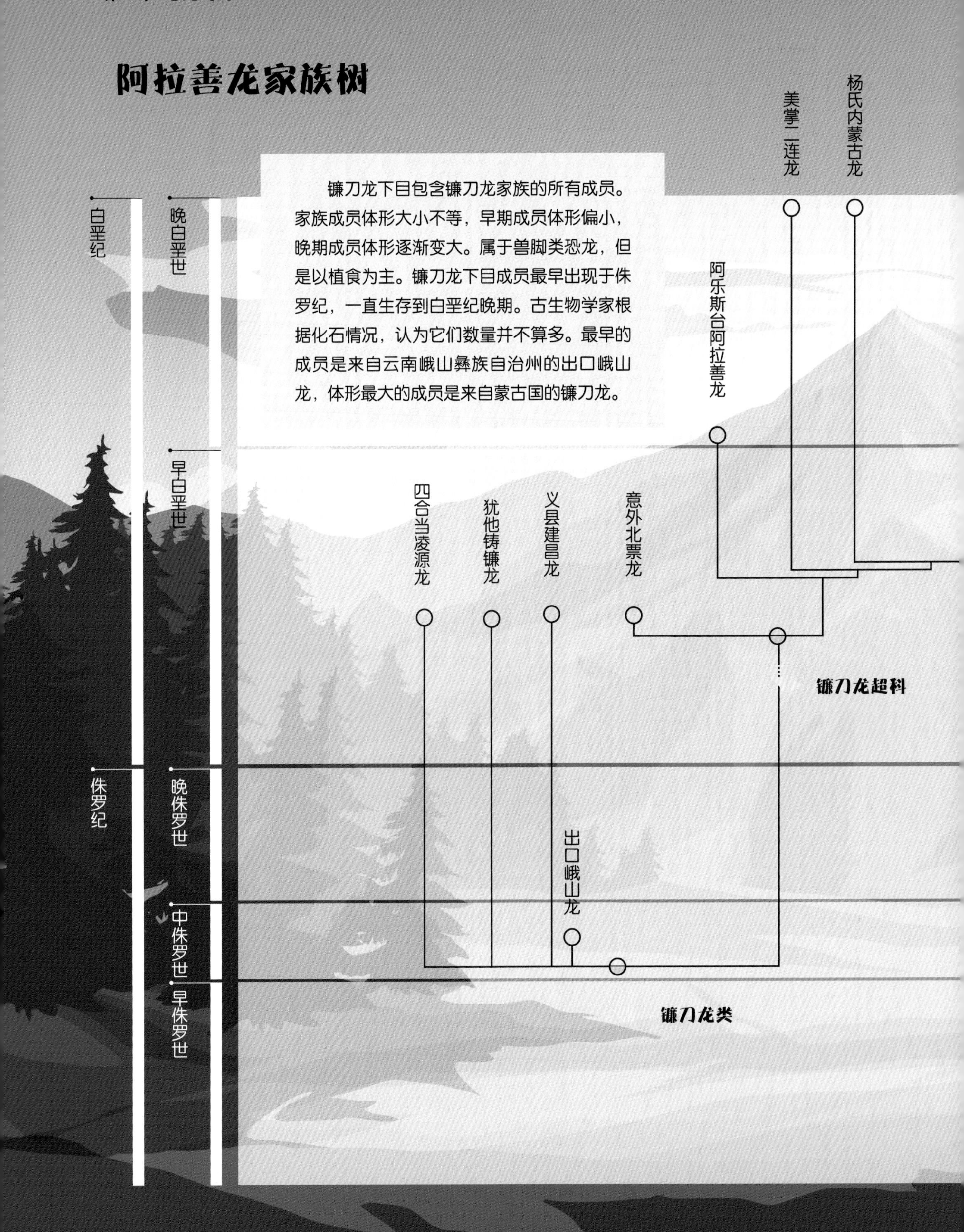

我想现在你应该已经了解我了，接下来我要隆重地为你介绍一下我的家族。

# 第二章 恐龙速递

大约在 2.3 亿年前的三叠纪，一类名叫恐龙的爬行动物出现了，它们是中生代时期的主要居民，几乎占据了当时的每一片大陆。

迄今为止，全世界发现的恐龙有1000多种。古生物学家根据恐龙的骨骼特征等，将恐龙分为诸多家族，如甲龙类、剑龙类和角龙类等。每一个家族包含许多成员，它们虽为同一家族，却各具特点：有些尾巴上长着“大锤”，有些尾巴上长着尖刺；有些喜欢吃植物，有些喜欢吃鱼；有些头上长着“长管”，有些头上戴着“头盔”……

18
我心爱的
阿拉善龙

## 别把我认成窃蛋龙哦

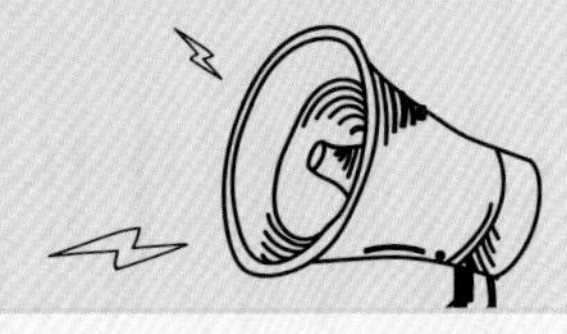

**杨氏内蒙古龙** 全部

**拉丁文学名：*Neimongosaurus yangi***

**属名含义：来自内蒙古的蜥蜴**

**生活时期：白垩纪时期（约 8500 万年前）**

**化石最早发现时间：1999 年**

1999 年，古生物学家在内蒙古自治区苏尼特左旗发现了一些恐龙化石，2001 年将其命名为“杨氏内蒙古龙”。其属名“*Neimongosaurus* ”，意为来自内蒙古的蜥蜴；种名“*yangi*”，是为了纪念中国古生物学家杨钟健先生。

杨氏内蒙古龙正模标本中保存的脊椎数量是镰刀龙家族中最多的，而且保存着完整的四肢。这样完整的形态丰富了我们对镰刀龙家族多样性的认识。杨氏内蒙古龙的长脖子、短尾巴与窃蛋龙相似，为镰刀龙类和窃蛋龙类有着较近的亲缘关系的假说提供了依据。

杨钟健被称为“中国恐龙之父”，是中国古脊椎动物研究的先驱者和奠基人，还为自然博物馆事业的发展做出极大的贡献。

杨钟健

杨氏内蒙古龙的身世扑朔迷离。起初，古生物学家认为它是镰刀龙家族的前辈，将它划分到镰刀龙超科。可在之后的亲缘分支分类法研究中，古生物学家又提出杨氏内蒙古龙应属于比较进步的镰刀龙科。

# 镰刀龙家族中的“短脖子”

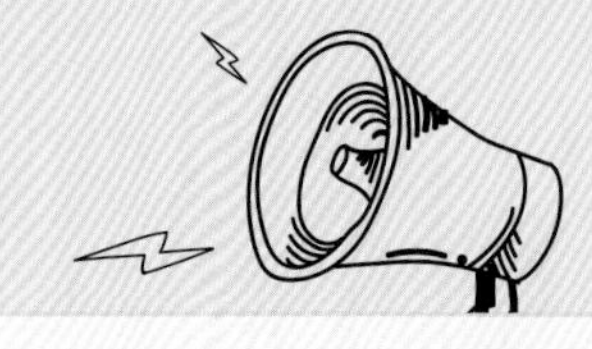

## 美掌二连龙

全部

**拉丁文学名：*Erliansaurus bellamanus***

**属名含义：来自二连浩特的蜥蜴**

**生活时期：白垩纪时期（7200万～6800万年前）**

**命名时间：2002年**

美掌二连龙，听名字就知道它来自内蒙古自治区二连浩特市。2002年，中国著名古生物学家徐星等人为其取名“美掌二连龙”。其属名“*Erliansaurus*”，意为来自二连浩特的蜥蜴；种名“*bellamanus*”，意为美丽的手掌，因二连龙的左臂保存得非常完好，几乎无损，种名由此而来。

美掌二连龙来自镰刀龙家族，拥有镰刀龙家族典型的“镰刀爪”。它们的指爪巨大，而且长着弯曲的尖爪，像弯弯的镰刀。除此之外，美掌二连龙还是家族中的“短脖子”，它们的脖子较其他成员短。

美掌二连龙比它的老乡杨氏内蒙古龙体形更大。发现的化石是一只较为年轻的美掌二连龙，体长约 2.5 米。古生物学家推测成年美掌二连龙体长可达 4 米，属于中小型恐龙。

# 全世界发现的第二只长羽毛的恐龙

## 意外北票龙

全部

**拉丁文学名：*Beipiaosaurus inexpectus***

**属名含义：来自北票的蜥蜴**

**生活时期：白垩纪时期（约 1.25 亿年前）**

**命名时间：1999 年**

1999 年，古生物学家将在辽宁省北票市挖出的恐龙化石命名为“意外北票龙”。这只恐龙正如它的名字一般，给古生物学家带来意外之喜。其属名“*Beipiaosaurus*”，意为来自北票的蜥蜴，得名自它的家乡北票市；种名“*inexpectus*”，指其特征让人感到意外。

令古生物学家意外的是，他们在它身上发现了羽状皮肤衍生物，这是全世界发现的第二只具有羽状皮肤衍生物的恐龙（第一只是中华龙鸟）。通过研究，古生物学家发现这些羽毛是一层绒羽，原来它们自带皮毛大衣。古生物学家推测这一层绒羽可能是用来抵御严寒的。

意外北票龙的发现改变了人们对整个镰刀龙家族外貌的印象。意外北票龙是镰刀龙家族的“前辈”，演化特征较为原始，属于镰刀龙超科。古生物学家推测意外北票龙的后裔可能都会继承祖先的特征，像意外北票龙一样长有绒羽。原来镰刀龙家族有一群毛茸茸的，非常可爱的恐龙。

意外北票龙身长约 2.2 米，重约 85 千克，是一种小型恐龙。在镰刀龙“祖先辈”中，意外北票龙是个“大头龙”，它的头比其他镰刀龙超科成员的大，而且它的嘴巴也很长。它下巴的长度超过它们大腿的一半。它们的喙上没有牙齿，它们的牙齿长在脸颊内侧，各种植物是它们的最爱。

# 镰刀龙家族在亚洲的“老祖宗”

## 义县建昌龙

全部

**拉丁文学名：** *Jianchangosaurus yixianensis*

**属名含义：** 来自建昌的蜥蜴

**生活时期：** 白垩纪时期（约 1.26 亿年前）

**命名时间：** 2013 年

2013 年，古生物学家将在辽宁省建昌县发现的恐龙化石命名为“义县建昌龙”。其属名“*Jianchangosaurus*”，意为来自建昌的蜥蜴；种名“*yixianensis*”，意为义县组地层。义县建昌龙的发现对镰刀龙家族有着重要的意义。

义县建昌龙是迄今为止亚洲发现的最原始的镰刀龙类恐龙，比同在义县组的北票龙还要原始。支序系统学研究显示，义县建昌龙属于镰刀龙超科的姊妹类群，它们身上有着早期镰刀龙类恐龙的原始特征。它们长着兽脚类恐龙的头骨和善于奔跑的后肢，还长着鸟臀类恐龙的牙齿。

义县建昌龙的牙齿和下颌很独特，类似于鸟脚亚目和角龙亚目的恐龙，因此古生物学家认为它们的嘴部结构比其他镰刀龙家族成员更适合咀嚼植物。

义县建昌龙的后肢比例在家族中也是最突出的，它们小腿的长度竟然是大腿的 1.5 倍，是已知镰刀龙家族中比例最大的。古生物学家还在它们的化石中发现了又长又宽的丝状羽毛。

# 不小心长出“啤酒肚”

## 似大地懒肃州龙 全部

拉丁文学名: *Suzhousaurus megatherioides*

属名含义：来自肃州的蜥蜴

生活时期：白垩纪时期（约 1.13 亿年前）

命名时间：2007 年

2007 年，古生物学家李大庆等人将在甘肃省俞井子盆地挖出的恐龙化石命名为“似大地懒肃州龙”。其属名“*Suzhousaurus*”，意为来自肃州的蜥蜴，得名自恐龙的出生地，采用了甘肃省酒泉市的古称“肃州”。似大地懒肃州龙属于镰刀龙家族，而且是家族中的“老前辈”。

似大地懒肃州龙是镰刀龙超科中的“前辈”，因为它的特征更加原始，具有原始镰刀龙类向先进镰刀龙类过渡的特征。

似大地懒肃州龙“前辈”除了拥有典型的“镰刀爪”，还具备早期镰刀龙家族“四不像”的特征。它们的骨骼介于鸟臀目和蜥臀目恐龙之间，是目前已知的体形最大的镰刀龙超科成员之一。与更早期的镰刀龙“祖宗辈”相比，似大地懒肃州龙演化出尖尖的喙、粗壮的后肢，还长着“啤酒肚”，尾巴也变短了。

# 我可不是傢儒蜥脚类恐龙

短棘南雄龙 全部

拉丁文学名：*Nanshiungosaurus brevispinus*

属名含义：来自南雄的蜥蜴

生活时期：白垩纪时期（约 7800 万年前）

命名时间：1979 年

1979 年，古生物学家将在广东省南雄市发现的恐龙命名为“短棘南雄龙”。它属于镰刀龙家族。可是最初由于它奇奇怪怪的长相，古生物学家也有点弄不清它们属于哪个家族。

最初古生物学家只发现了它的脊椎与盆骨，由于它的骨骼结构很特殊，当时发现的骨骼化石又比较有限，古生物学家误认为它是一种侏儒蜥脚类恐龙。直到 20 世纪 90 年代，才确认短棘南雄龙属于兽脚龙类。

短棘南雄龙约有 5 米长，体重约 907 千克，在恐龙中算中等身材。它身躯宽阔，还有一个大肚子，看上去大腹便便。它们身上最吸引人的便是它们的爪子，它们有镰刀龙家族典型的“镰刀爪”，还有角质喙，可以用来咬断植物。它们的“镰刀爪”像自带的刀叉，可以切割植物，然后饱餐一顿。

## 奔跑健将就是我

### 四合当凌源龙

全部

**拉丁文学名：*Lingyuanosaurus sihedangensis***

**属名含义：来自凌源的蜥蜴**

**生活时期：白垩纪时期（约 1.3 亿年前）**

**命名时间：2019 年**

2019 年，古生物学家将在辽宁省凌源市四合当镇发现的恐龙命名为“四合当凌源龙”。其属名与种名均得自它的发现地。这具化石标本并不是古生物学家发现的，而是当地的农民发现的。古生物学家根据四合镇附近的地质特征和标本保存状况，认为它应该生存于白垩纪早期。

四合当凌源龙是镰刀龙家族中的“老前辈”，它身上有很多较为原始的特征，如它的小腿要长于大腿。一般小腿较长的恐龙有着较好的奔跑能力，所以四合当凌源龙可能是一位跑步健将。但是它也具备镰刀龙家族较为进步的特征，是镰刀龙家族从早期向晚期演化过程中的一环。

同为镰刀龙家族成员的意外北票龙与义县建昌龙都是四合当凌源龙的“亲戚”，而且它们还是“老乡”。它们都来自辽宁省西部的热河生物群，在同一地区演化出三种相似的恐龙，这是很不寻常的，因为不同的恐龙占据着不同的生态位，这样的话它们三者之间可能会存在竞争。

当然，它们之间也可能不存在竞争，因为它们可能并不是生活在同一时期。虽然它们都来自早白垩世的热河生物群，但是热河生物群的两个地层（九佛堂组和义县组）加起来的沉积时间超过八百万年，所以古生物学家很难准确地界定这三种化石的具体时间。

# 我的家乡在云南峨山

## 出口峨山龙

全部

拉丁文学名：*Eshanosaurus deguchiianus*

属名含义：来自峨山的蜥蜴

生活时期：侏罗纪时期（约 1.96 亿年前）

命名时间：2001 年

1971 年，古生物学家赵喜进在云南省峨山发现一些恐龙化石。2001 年，古生物学家徐星等人将其命名为“出口峨山龙”。其属名“*Eshanosaurus*”，取自恐龙的发现地峨山。

出口峨山龙是迄今为止发现的最早的镰刀龙家族成员，也是最早的虚骨龙类恐龙，它生活在侏罗纪早期，比早期的意外北票龙还要早6000多万年。出口峨山龙的化石标本特别少，只发现了一块不完整的下颌（下巴）骨。可能是由于化石标本太少，出口峨山龙的家族归属成为古生物学家们争论的话题。

下颌内侧视图

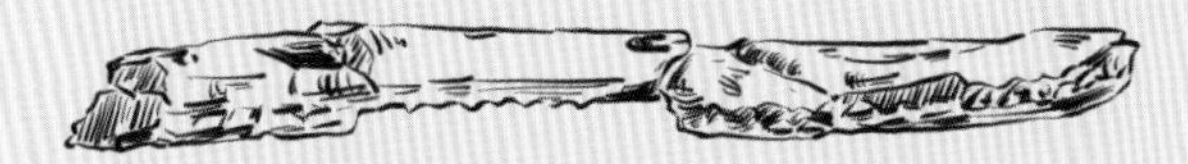

下颌背侧视图

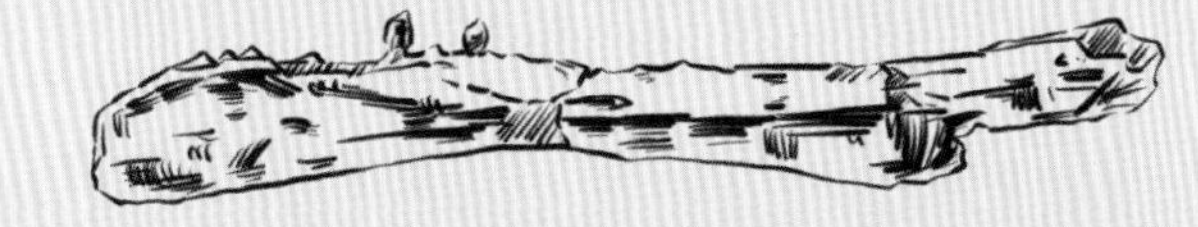

下颌外侧视图

古生物学家徐星用亲缘分支分类法分析，认为出口峨山龙应该属于镰刀龙家族，因为它的牙齿和下颌有多个衍化特征。对此，有古生物学家提出异议，他们认为出口峨山龙应该属于原蜥脚下目或蜥脚形亚目恐龙。本书根据《中国古脊椎动物志》，将出口峨山龙视为镰刀龙家族成员，希望以后有更多的化石来证明它的归属。

# 第三章 恐龙猎人

中生代可谓是爬行动物的天下，无论是海洋、天空还是陆地，都有它们的身影。海洋中，有鱼龙类和蛇颈龙类等海生爬行动物占据；天空中，有翼龙这种会飞的爬行动物翱翔；陆地上，被称为“恐怖蜥蜴”的恐龙称霸一方。

恐龙在地球上统治了 1.6 亿年之久。除陆地外，它们还涉足天空和海洋。恐龙拥有惊人的适应能力，随着环境的变化，演化出独特的身体结构，有着各种不同的生存技能，是中生代时期最繁盛和最具生存优势的脊椎动物。

虽然目前已经发现和认识了许多恐龙，但还有很多与恐龙相关的内容有待我们进一步发掘。如果你对自然充满好奇，那就请随我们一起回到恐龙世界吧，不断经受磨炼，成长为一名优秀的恐龙猎人。

# 恐龙的分类

**古生物学家发现那么多恐龙，如何把它们区分开呢？一只恐龙属于哪个家族，它的家族成员还有谁？这些问题让我们困惑。对恐龙合理地科学地进行分类，建立演化树，是古生物学家的重要任务之一。接下来，我们来了解这方面的知识。**

这项任务工作量巨大，有一个专业的名称，叫作“系统发生学”。古生物学家在恐龙的系统发生学方面开展了大量的研究工作，成果颇丰。

建立一个科学的恐龙分类系统是理解恐龙演化的关键。面对那么多恐龙，让我们来看看古生物学家是如何把它们分开的吧。

**为了更好地认识恐龙如何分类，我们可以简单地理解成把这些恐龙划分为各个“家族”。**

用我们日常可以见到的用品举个例子，例如我们吃饭用的碗，属于餐具。除了碗，还有盘子、筷子、勺子，它们都属于餐具。再细分的话，碗有吃汤面的大碗，也有蘸酱料用的小碗，但它们都属于碗，无论大小。我们可以明显地将碗与盘区分开，因为它们有着明显的不同，碗比盘子深，盘子要浅一些。

**恐龙的分类也是同样的道理，我们根据恐龙之间明显的区别，将它们区分开。**

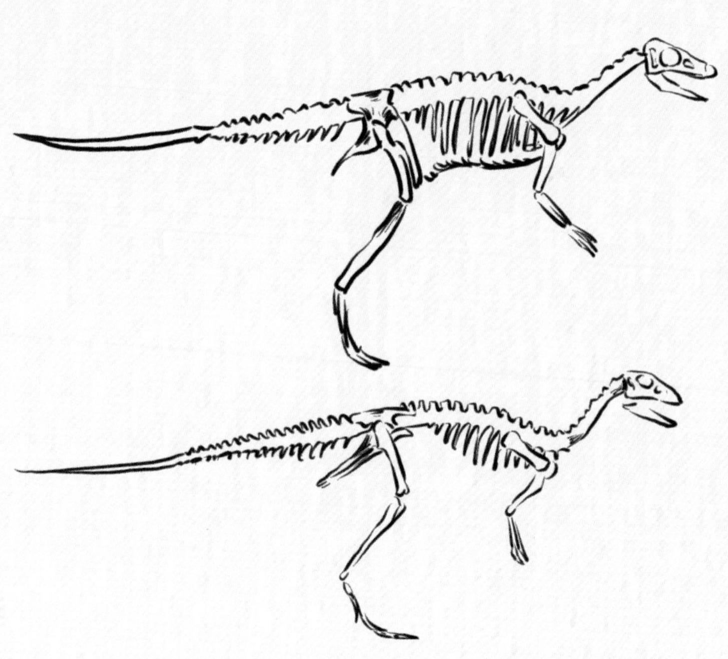

蜥臀目恐龙（上）和鸟臀目恐龙（下）腰带结构对比

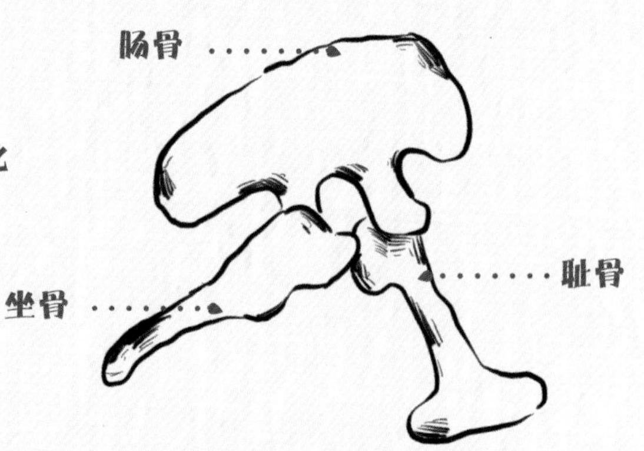


蜥臀目恐龙的腰带结构

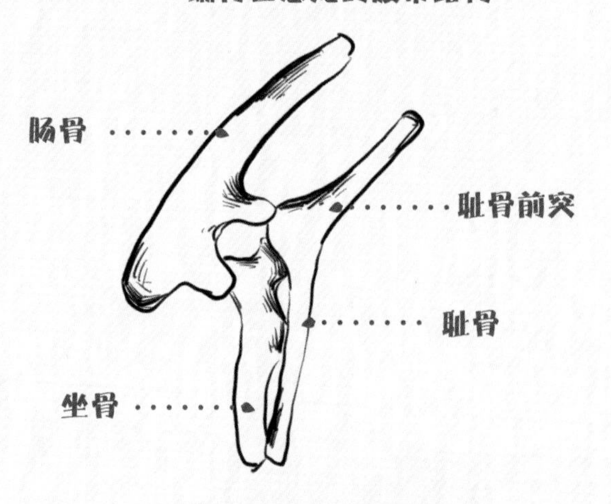


鸟臀目恐龙的腰带结构

**目前普遍被大家接受的是二分法，将恐龙分为两大类。这两大类明显的区别是它们的腰带不同。腰带是恐龙腰部的一部分骨骼，像蜥蜴的腰带的恐龙属于蜥臀目，像鸟类的腰带的恐龙属于鸟臀目。**

这两种腰带之间最明显的差异在于坐骨与耻骨：蜥臀目恐龙的耻骨与坐骨明显分开，形成一个“几”字；鸟臀目恐龙的耻骨与坐骨紧挨在一起，耻骨延伸出去，形成耻骨前突。恐龙分类的第一步便是基于这一明显的区别。

蜥臀目又可以分为蜥脚类和兽脚类。我们现在所发现的一千多种恐龙，基本上都按蜥脚类、兽脚类以及鸟臀类这三大类分开。

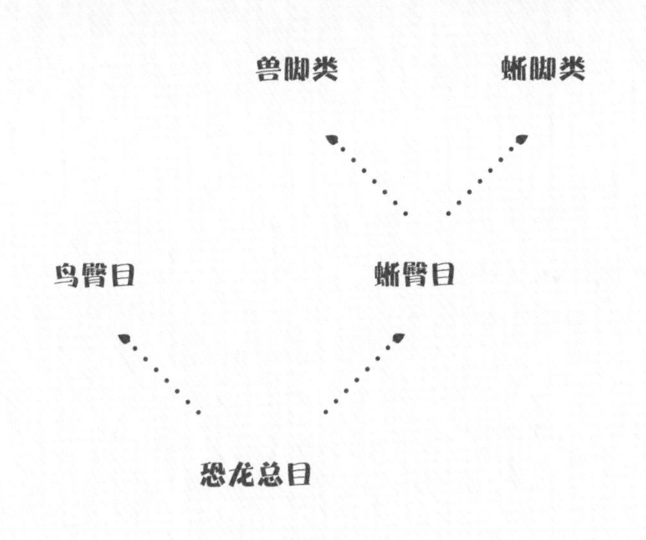


通过腰带的差别分成两大类以后，如果再具体进行分类，我们就需要掌握兽脚类恐龙 、蜥脚类恐龙以及鸟臀类恐龙各自明显的特征了。

**兽脚类恐龙在所有恐龙中有着与鸟类最相似的骨骼特征，它们基本上都是双足行走，而且大部分兽脚类恐龙的脚与鸟类的脚特别相似，都呈细窄状，有点像我们吃的鸡爪。**

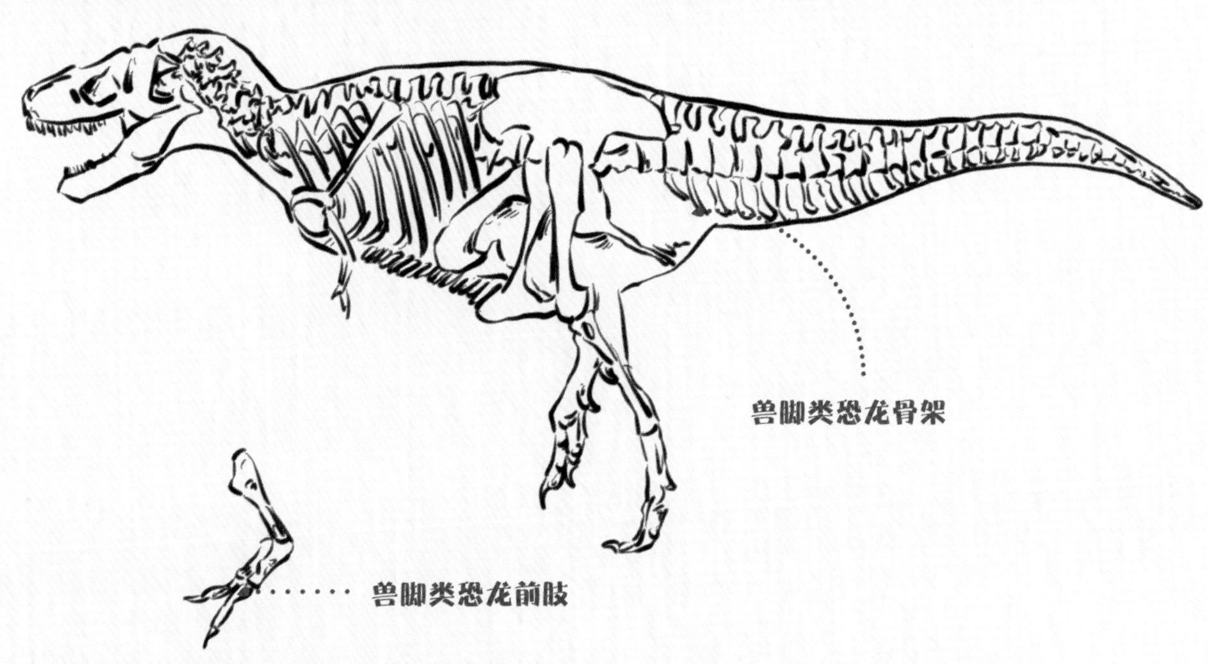


一般情况下，兽脚类恐龙的前肢具有抓握和捕食功能，手指骨骼末端较长，可以让它们的手部弯曲，从而可以将爪子伸进猎物体内。近年来，古生物学家对兽脚类恐龙运动方式进行详细研究后发现，它们的手部呈现出一种“手心向内”的姿态。

兽脚类恐龙还有一个特征是有些成员长着像鸟类一样的毛茸茸的羽毛，有些成员甚至演化出复杂的像飞羽一样的羽毛，例如小盗龙等。

蜥脚类恐龙是恐龙王国中的“巨人族”，我们可以很容易地将蜥脚类恐龙与其他恐龙相区分，因为它们与其他恐龙比起来，实在是过于巨大。它们有着超级巨大的身体，长长的脖子，用四足行走，而且是纯粹的素食主义者。一些蜥脚类恐龙的脖子长度超过 10 米，可能是躯干长度的 4~5 倍。它们的长脖子可以让它们吃到更多的树叶。古生物学家据此推测它们的脖子可能是为了吃到更多的植物，才演化得如此之长。

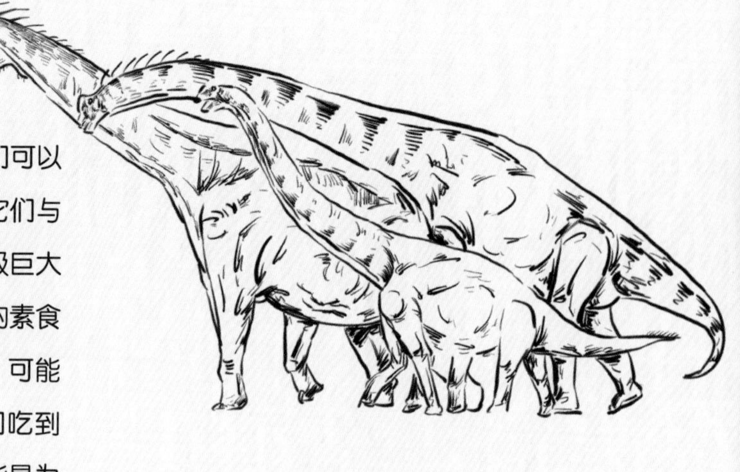

恐龙中的“巨人族”

除了超长的脖子和异常巨大的身体，它们还有一个特点是体内具有气囊。这些气囊可以为它们的身体减重，让它们正常地活动。

**它们的头小小的，有些种类的四肢粗短，有些种类的四肢细长，但都可以像四根柱子一样承受身体的重量。**

现在我们可以分辨兽脚类恐龙与蜥脚类恐龙了，还有最后一种鸟臀目恐龙，这类恐龙大多也是素食主义者。它们与其他恐龙最明显的区别在于它们的嘴巴前端大多没有牙齿，而且被角质喙所包裹，就像现生鸟类的嘴巴一样。这样的喙具有切割功能，可以帮它们把叶片、树枝咬下来。

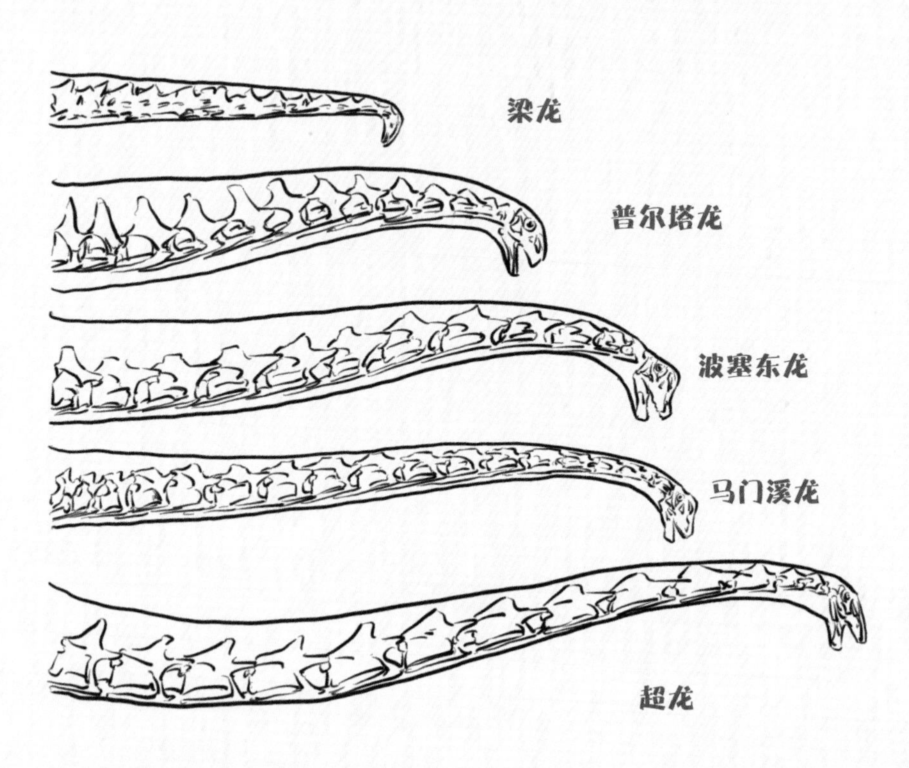


蜥脚类恐龙的脖子对比

**除了可以用来切割的喙，它们还有可以咀嚼的牙齿。为了摄取更多的植物，有些成员甚至演化出几百颗牙齿。**

鸟臀目这个大类别中有五个大家族，包括身披铠甲的甲龙家族、背着骨板的剑龙家族、长着“鸭子嘴”的鸭嘴龙家族、拥有“长矛和盾牌”的角龙家族以及戴着“头盔”的厚头龙家族。每个家族都有各自突出的特征，使我们可以轻松地分辨。

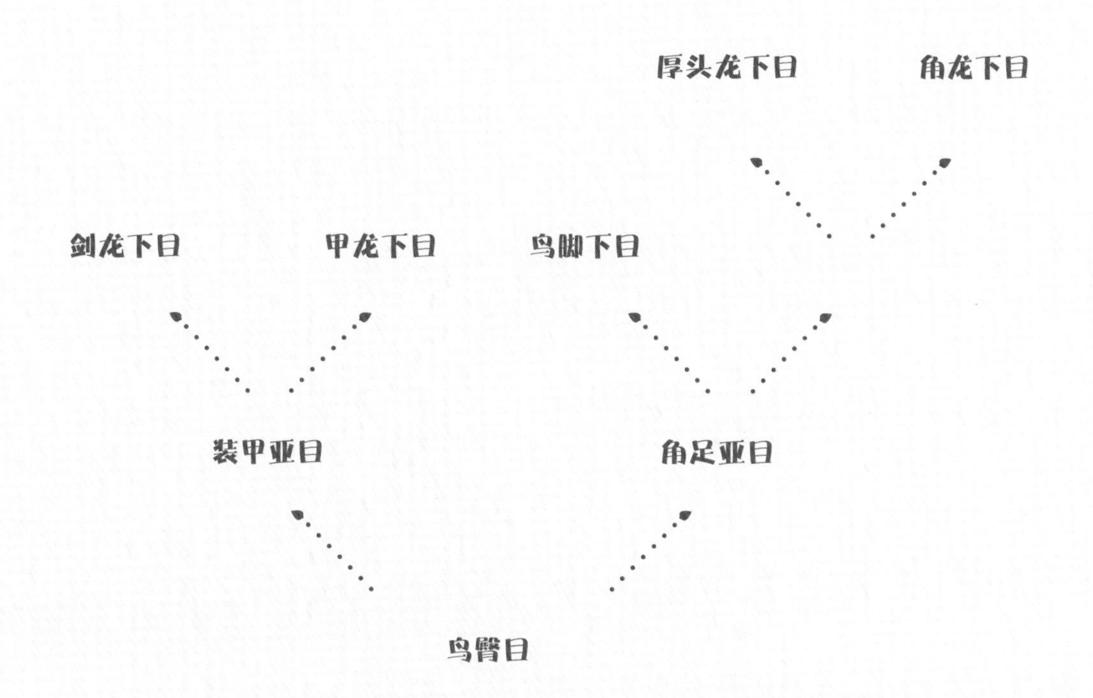


**现在，我们可以根据恐龙的特征，分辨出一只恐龙属于哪个家族，它和谁是“亲戚”，还可以根据它的特征，一眼把它认出来。**

只是恐龙王国还有一些恐龙，它们的特征并不那么明显，而且兼具几个家族的特征，是“四不像”，有时连古生物学家也认不出来。现在，古生物学家就遇到这样一位“四不像”。它是谁呢？它属于哪个家族呢？我们一起来帮古生物学家找到它的家族吧。

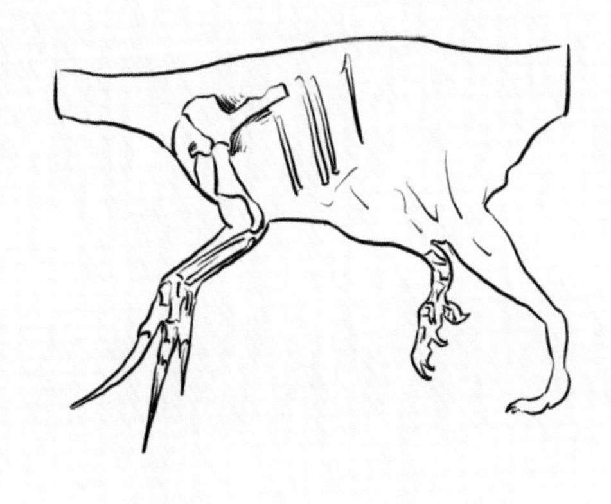

**“四不像”已发现的化石部位**

1948 年，古生物学家在蒙古人民共和国挖掘出几个巨大的指爪。当时，人们从未见过有哪种动物有这么大的指爪。人们测量了指爪的长度，发现最长的竟然达到 75 厘米。什么动物有如此大的指爪呢？

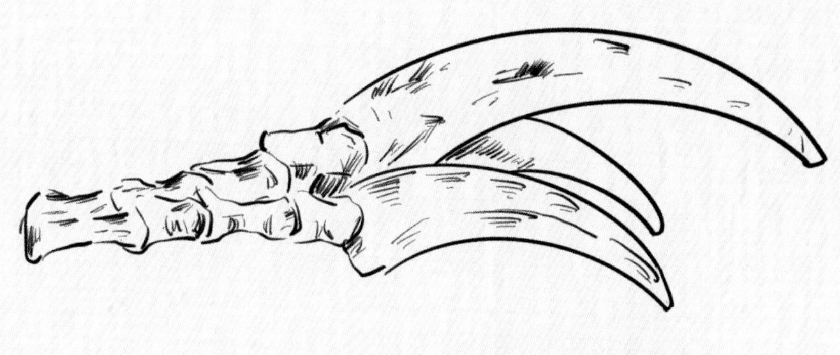

龟形镰刀龙的指爪

**奈何当时只发现这些指爪，没有其他化石做辅助判断，古生物学家猜测这些怪异的指爪可能属于一种已经灭绝的龟类，给它命名为“龟形镰刀龙”。**

在随后的几十年中，这只龟形镰刀龙其他部位的化石陆续被发现，大家发现它原来是一只恐龙，而不是龟类，给它改名为“镰刀龙”。可它又长又尖的指爪为它的身世披上了一层迷雾，什么家族的恐龙长着这么长的指爪呢？

**它的长指爪是猎食的武器，还是具有装饰作用的“美甲”呢？**

意外北票龙

**古生物学家推测镰刀龙又尖又长的指爪可能是捕猎利器，所以推断它可能是一种大型肉食性恐龙**。可是其他的化石材料又表明它们有着长长的颈椎、可以咀嚼的牙齿、小小的头，还有结实的可以支撑身体的四个脚趾，与典型的兽脚类恐龙的“鸡爪脚”有很大的差别。这些特征让我们想到它可能来自蜥脚类恐龙家族，而非兽脚类恐龙家族。

随后，古生物学家发现它们的腰带结构较为独特，与呈“几”字形的蜥臀目恐龙的腰带并不相同，与鸟臀目的也不完全相同，仿佛处于二者之间。古生物学家认为它们的腰带骨骼应该处于蜥臀目与鸟臀目的过渡阶段。

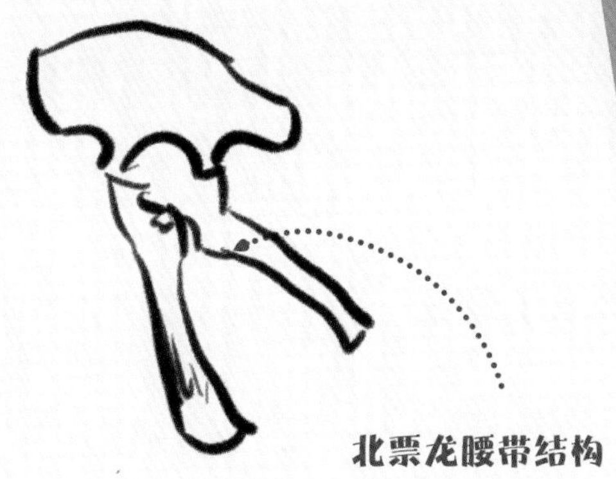
北票龙腰带结构

**这位镰刀龙到底是何方神圣呢？**这下把古生物学家也难住了。这个拥有小小的头、长长的脖子以及锋利的指爪，还有与蜥臀目和鸟臀目都不像的腰带结构的“四不像”，到底来自哪个家族呢？这个问题困扰了古生物学界很长时间。

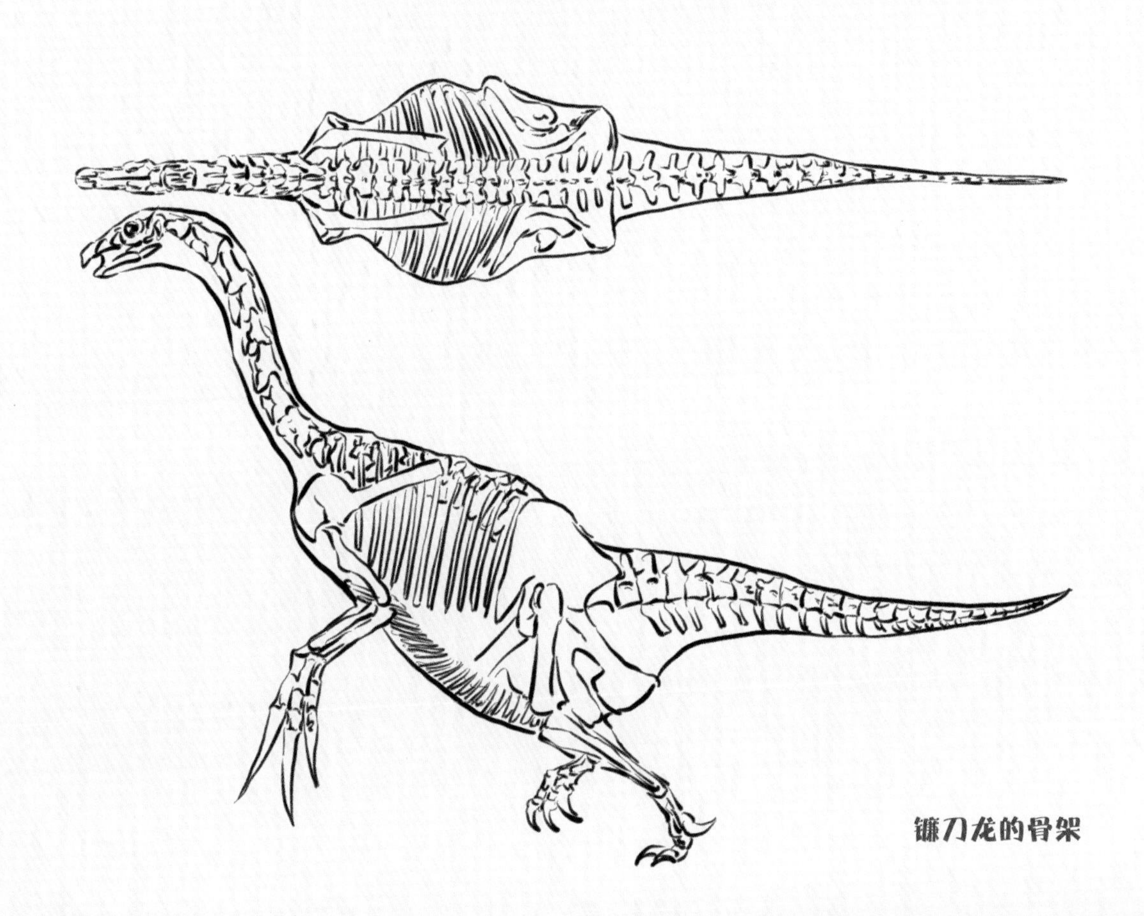
镰刀龙的骨架

**除此之外，古生物学家还在蒙古人民共和国发现了一位镰刀龙家族成员的骨骼化石，**为其取名为“慢龙”。通过对它的骨骼化石进行研究，古生物学家发现这个家伙体形臃肿，行动缓慢，看起来很懒的样子，因此大家给它起了个绰号叫“懒龙”。看样子，它与灵敏机警的兽脚类恐龙毫无关系。

**直到20世纪末，古生物学家在中国发现了几位镰刀龙家族的原始成员，对这个问题的研究才有了一些线索。**

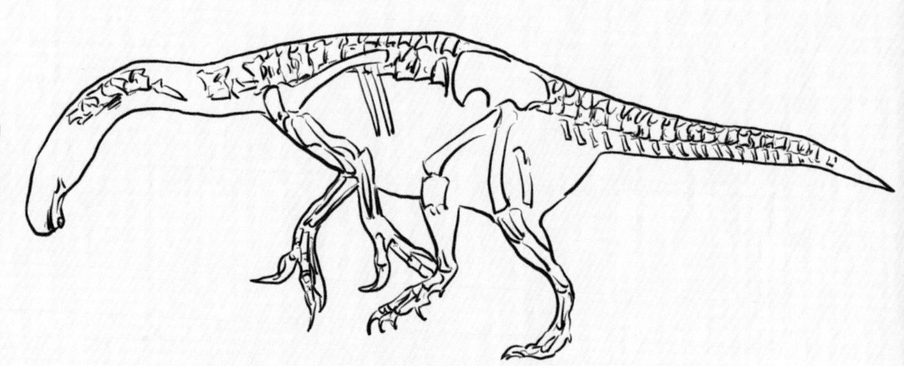

阿拉善龙已发现的化石部位

其中一位重要成员是在内蒙古发现的阿乐斯台阿拉善龙，它的手部具有手盗龙类典型的特征——半月形腕骨，而手盗龙类是兽脚类恐龙的一个分支。

**由此，古生物学家重新将镰刀龙家族归属于兽脚类恐龙。**

另一个提供线索的重要成员是来自辽宁的意外北票龙。这位镰刀龙类的“老前辈”长着毛茸茸的羽毛，颠覆了人们对镰刀龙家族外形的认识。

**而且，它长有兽脚类恐龙典型的三趾“鸡爪脚”，这证实了这个长相奇特的恐龙的确是兽脚类恐龙。**

意外北票龙

还有一位重要成员来自辽宁热河生物群，名为“义县建昌龙”，它拥有兽脚类恐龙的头骨和善于奔跑的后肢，还长有鸟臀目恐龙的牙齿。它有着宽大的盆骨和巨大的身躯，这说明它可能已经开始以植物为食。

同样来自辽宁热河生物群的镰刀龙家族成员四合当凌源龙，同样具有兽脚类恐龙善于奔跑的后肢。

这些早期镰刀龙家族“老前辈”身上明显的兽脚类恐龙特征，证明镰刀龙家族确实属于兽脚类恐龙，只不过在后期的演化中，逐渐改变了模样。

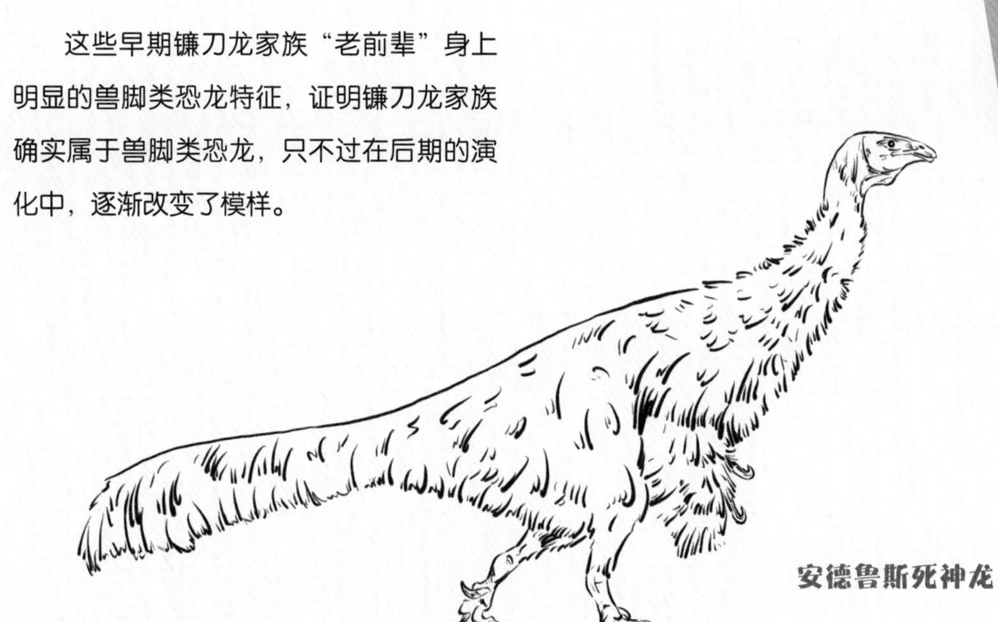

安德鲁斯死神龙

**在演化的进程中，镰刀龙家族的“后辈”们也没有完全“忘本”，它们还是保留了兽脚类恐龙一些独有的特征。**

例如在蒙古国发现的生活于早白垩世的安德鲁斯死神龙，它在镰刀龙家族中属于演化较进步的成员，拥有家族典型的“镰刀爪”、长长的脖子和角质喙。

**安德鲁斯死神龙虽是演化较进步的个体，但是仍保留着兽脚类恐龙敏锐的感官**。古生物学家用 CT 扫描安德鲁斯死神龙的头部，发现它有着良好的听觉、嗅觉以及平衡感，它的嗅觉灵敏度甚至高于很多驰龙类恐龙，嗅觉神经是整个神经系统中最大的神经。良好的感官可以帮助安德鲁斯死神龙躲避猎食者的追捕。

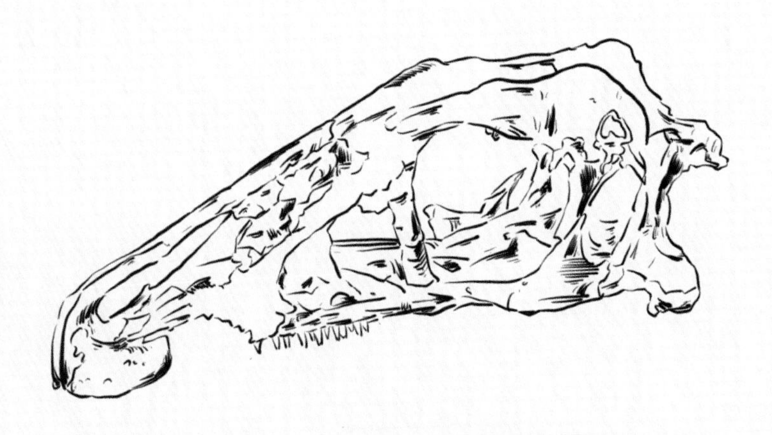

安德鲁斯死神龙的头骨

镰刀龙家族的“前辈”身上确实有明显的兽脚类恐龙的特征，只是古生物学家最早发现的是处于镰刀龙家族演化后期，较为先进的镰刀龙，兽脚类恐龙的特征并不明显，而且发现的化石骨骼保存得并不完整，所以很难下结论。

**随着更多的化石被发现，镰刀龙家族的归属问题渐渐明朗起来。可是早期成员与晚期成员的骨骼差别竟然如此之大，这是为什么呢？**

**接下来，我们来看看它们是如何演化出蜥臀目恐龙和鸟臀目恐龙的特征的。**

镰刀龙家族演化中最直观的变化是体形变大。镰刀龙家族早期成员体形普遍偏小，例如义县建昌龙、意外北票龙等平均体长在 2~3 米，而晚期的大部分成员体形逐渐变大，大部分体长超过 5 米。其中，体形最大的就是镰刀龙，体长 9~10 米。

义县建昌龙

不仅体形变大，随着演化，整个镰刀龙家族还“发福”了，早期成员大多拥有纤细的身材，而晚期成员大多拥有硕大的“啤酒肚”。

**它们由纤细灵活的样子变成挺着“啤酒肚”的懒洋洋的样子。**

镰刀龙的“啤酒肚”

逐渐变大的体形使镰刀龙家族其他身体部位特征发生改变，一些早期成员的小腿长度长于大腿，善于奔跑，但是逐渐变胖的身体导致善于奔跑的腿部特征退化，演化出大腿长于小腿的骨骼特性。其中，阿拉善龙的大腿比小腿还要纤细，这样的腿部结构不支持它们快速奔跑。

镰刀龙家族的脚也发生了变化，早期成员长有像兽脚类恐龙一样的“鸡爪脚”，而后期成员的脚逐渐变得又宽又短，脚掌更适宜承担重量，而非快速奔跑。

镰刀龙的“鸡爪脚”

最重要的是镰刀龙家族的腰带部分也发生改变，早期部分成员有着明显的蜥脚类恐龙的腰带结构，而随着演化，它们的耻骨逐渐靠近坐骨，越来越趋近于鸟臀目恐龙的腰带结构。

**一只兽脚类恐龙竟然演化出鸟臀目恐龙的腰带结构，古生物学家认为这是一种特化演变的现象。**

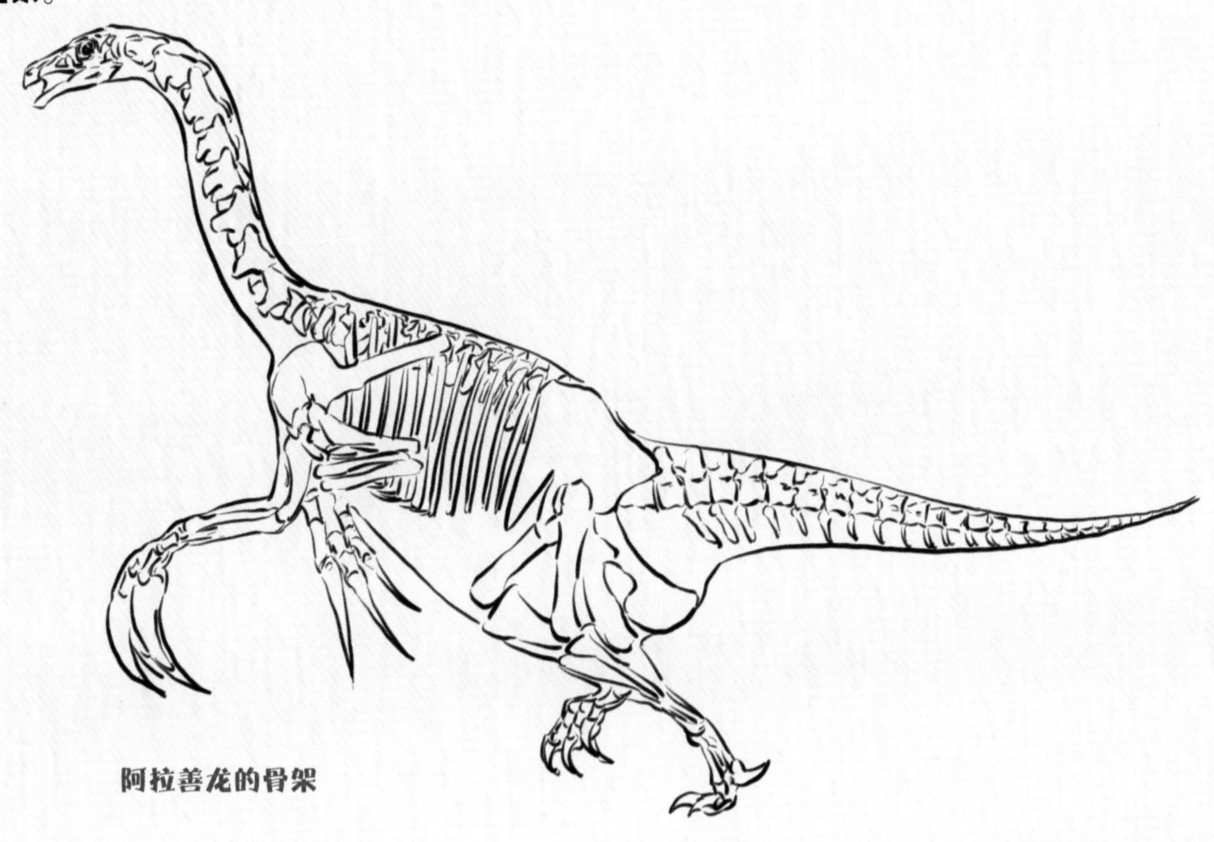

阿拉善龙的骨架

镰刀龙家族之所以会演化成“四不像”，最重要的原因是食性的转变。虽然目前没有肠胃残存食物或者粪便化石直接证明镰刀龙家族的食性，但是古生物学家通过它们的嘴巴、牙齿以及其他身体特征，判断镰刀龙家族可能以植物为食。

正在觅食的镰刀龙

古生物学家认为镰刀龙家族肚子日益变大是为了消化更多的植物，长着小脑袋和长脖子是为了吃到更高处的植物，叶状的牙齿是为了撕碎叶片，特化的腰带结构是为了给肠胃腾出更大的空间来消化坚韧的植物纤维。它们的身体逐渐变得硕大，这需要腿部和脚提供更多的支撑力，所以腿变得像柱子一样结实，脚变得短而宽，以增加身体的稳定性。

正在觅食的蜥脚类恐龙

古生物学家发现长着小脑袋、长脖子以及大肚子的镰刀龙后，差点将它们认作侏儒蜥脚类恐龙。有些古生物学家则根据它们特化的腰带、角质的嘴巴，误以为它们属于鸟臀目恐龙。

镰刀龙家族中不同成员的腰带

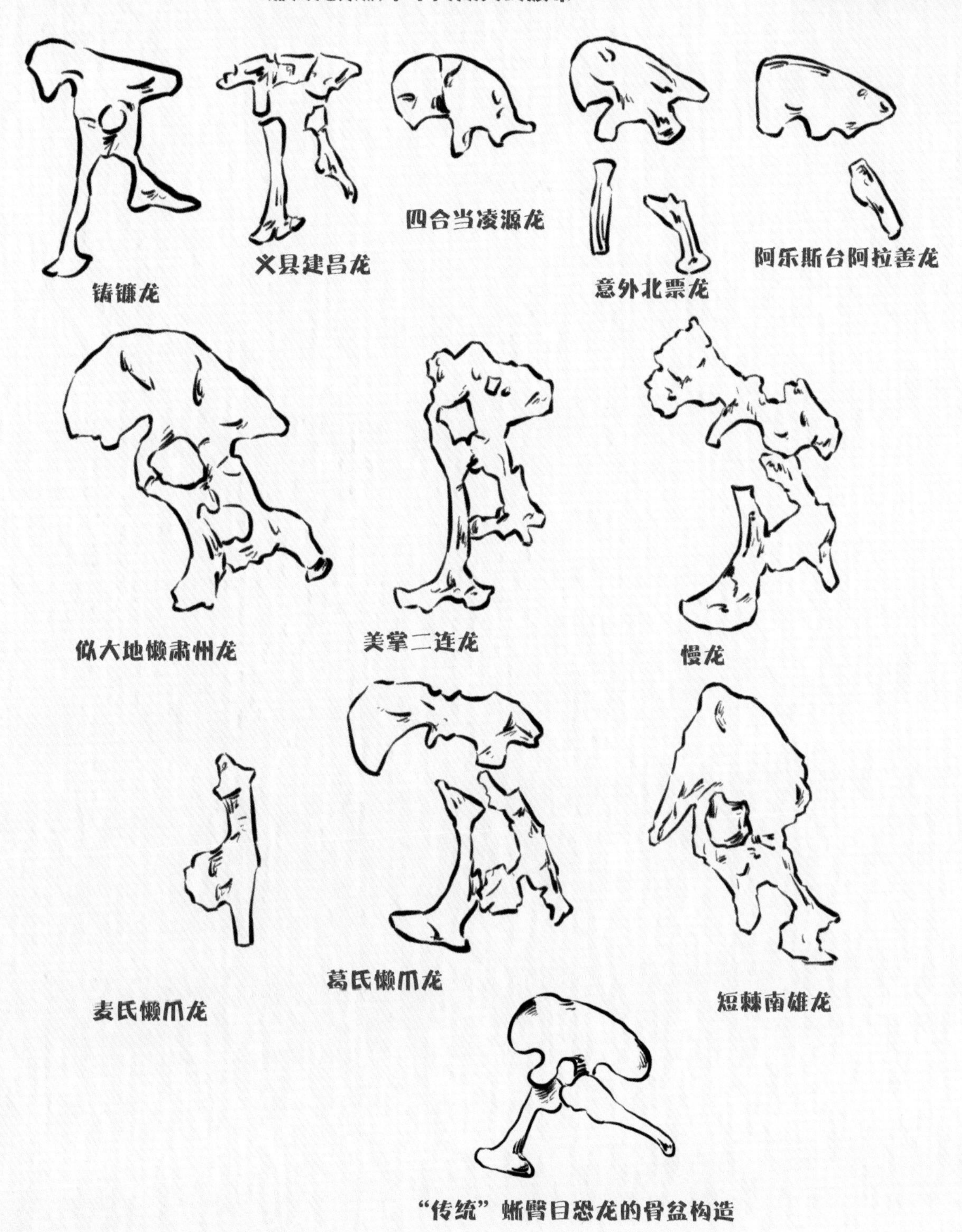


“传统”蜥臀目恐龙的骨盆构造

所以，要确定一只恐龙来自哪个家族，不仅要知道它们的骨骼特征，还要看它们的家族成员以及更为原始的家族成员的特征符合哪种类型的恐龙，从更为宏观的角度判断，才能帮恐龙找到它们的家族。

# 恐龙崛起的秘密

现在有一种观点认为恐龙其实并没有灭绝，它们演化为现生鸟类飞上了蓝天。我们现在吃的鸡腿，从某种层面来说，有可能是恐龙腿。

**古生物学界最早提出鸟类起源于恐龙这一假说的是赫胥黎，而他能提出这一假说，还得感谢美味的火鸡。**

**1870 年，英国著名的博物学家赫胥黎发现啃光了肉的火鸡骨架与恐龙的骨骼异常相似，于是大胆提出鸟类是由恐龙演化而来的这一假说。**

在后来的几十年中，古生物学家发现了长有羽毛的中华龙鸟，羽毛结构复杂的近鸟龙，会像鸟一样孵蛋的窃蛋龙等，还发现恐龙手指退化与鸟类翅膀结构密切相关等证据，证明现生鸟类是史前恐龙的后裔。所以，现在我们常见的各种鸟类以及鸡鸭等禽类有可能起源于恐龙。

**万事万物的起源都有迹可循，既然鸟类起源于恐龙，那么恐龙是如何出现的呢？恐龙的祖先是谁呢？恐龙是如何成为史前时期地球上的霸主的呢？我们一起来追本溯源，看看恐龙是如何出现并崛起的。**

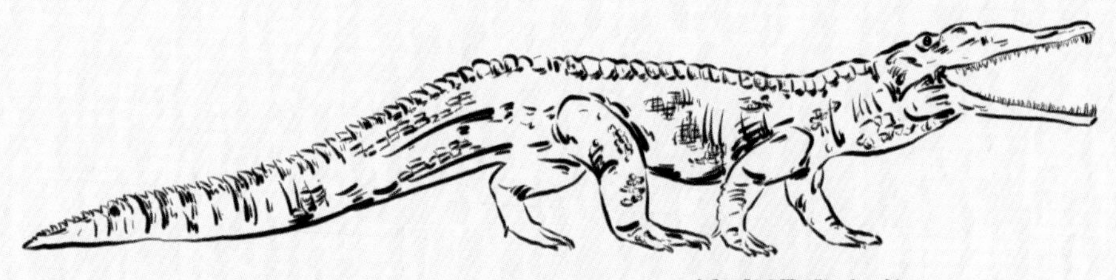
镶嵌踝类主龙

**恐龙生活的时间几乎跨越了整个中生代时期，从 2.3 亿年前一直持续到 6600 万年前，经历了三叠纪、侏罗纪、白垩纪几个阶段。**

三叠纪时期，地球上的霸主并不是恐龙，而是一种类似于鳄鱼的爬行动物。古生物学家给它们起名为“镶嵌踝类主龙”，它们是恐龙的“亲戚”，也是现在鳄鱼的祖先。

劳氏鳄类

劳氏鳄类是大型的主龙类掠食者，身长可达 6 米以上，生存在三叠纪时期，是当时生态圈的顶级猎食者。

**劳氏鳄类**

**与三叠纪时期数量庞大的镶嵌踝类主龙相比，**现在鳄类动物的数量只能算冰山一角。鳄鱼的祖先在三叠纪时期占据了自然界多种生态位，是处于生态主导地位的动物，成为当时地球上的霸主。其中，肉食性的代表便是劳氏鳄类，它们是当时生态圈中的主角。

喙头龙类

中国发现的芙蓉龙就是劳氏鳄类的一员，它们四足行走，背部有帆，长有坚硬的喙，可能是杂食性动物。

芙蓉龙

除了镶嵌踝类主龙，当时的地球上还有一些下孔类动物和喙头龙类。在恐龙称霸之前，喙头龙类也是一方霸主，它们在当时是占主导地位的植食性动物。它们有着强有力的上下颌，可以精准地切断植物的茎叶，但是它们的颌部只能做像剪刀一样上下开合的动作，无法左右移动做出咀嚼动作。

**在镶嵌踝类主龙横行霸道之时，我们的恐龙在做什么呢？**古生物学家在阿根廷发现了最早的类似于恐龙的动物——马拉鳄龙，推测它们是恐龙的“近亲”。它们体形小，重量轻，两足行走， 长着猎食者的牙齿，与恐龙有着相似的髋部和下肢结构。

下孔类动物是哺乳类动物的祖先，有植食性的，也有肉食性的，后来分化出恐龙的祖先，还有现在的鸟类和鳄鱼。

**下孔类动物**

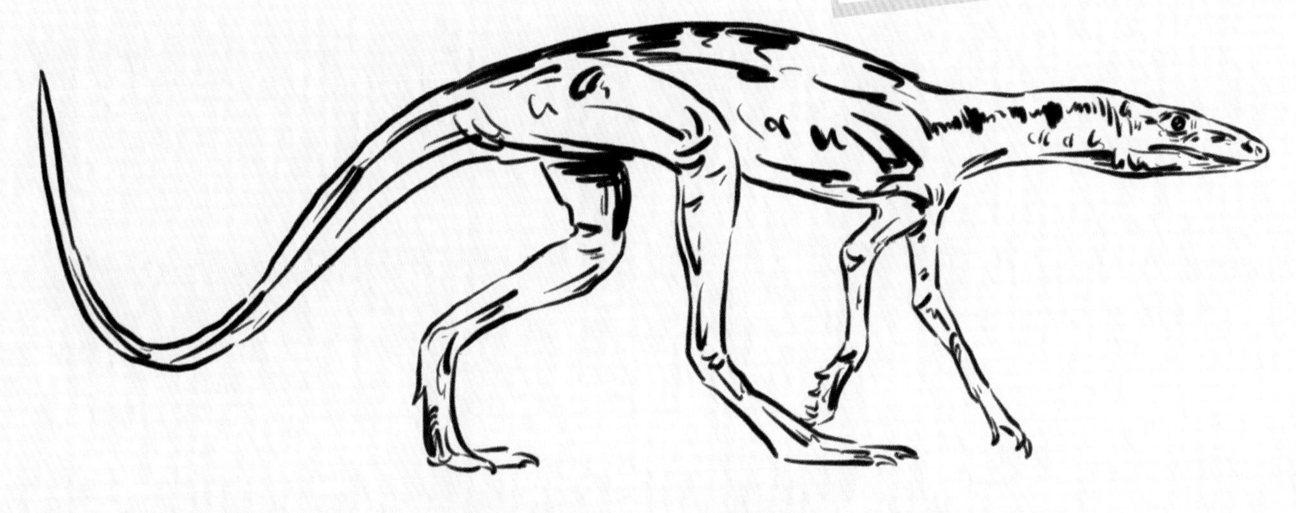

恐龙的“近亲”——马拉鳄龙

恐龙还有一类“亲戚”，叫兔蜥类，它们为了快跑和跳跃，脚部严重退化。这两种与恐龙血缘相近的动物，体形都很小，身长不超过 70 厘米。

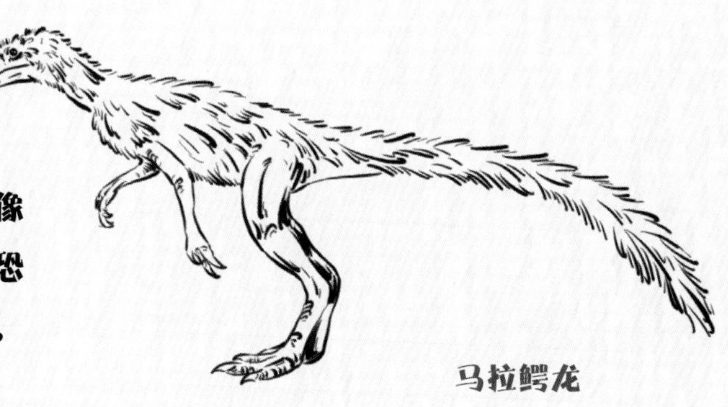
马拉鳄龙

**古生物学家在波兰发现了比马拉鳄龙更像恐龙的动物——西里龙类，还发现了它们与恐龙脚印一致的足迹化石。这更加明确地表明，这类动物可能就是恐龙的祖先。**

西里龙类体长约 1.5~3 米，是体形纤细的长颈动物，可能为四足行走。牙齿结构表明它们可能是植食性或荤素搭配的杂食性动物。

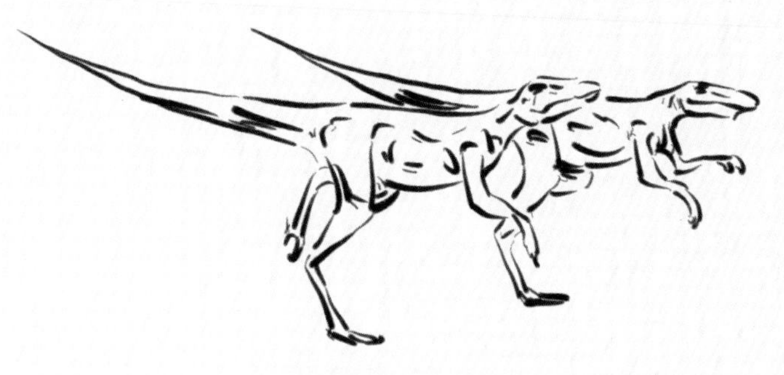
西里龙类

**这与恐龙中的两类（鸟臀类与蜥脚类恐龙）是植食和杂食这一事实相契合**。对于肉食性恐龙，可能是在后期的演化中改变了食性。也有另一种可能，恐龙的祖先就像马拉鳄龙，是肉食性动物，毕竟恐龙与西里龙类共同的祖先是肉食性动物，而西里龙类改变了自己的食性。具体的事实还需要更多的化石证据，以便进行深入研究。

**总体来说，恐龙的祖先在三叠纪时期是体形较小的动物，它们被称为“恐龙形类”**。它们生活在当时的霸主——镶嵌踝类主龙的阴影下，可能需要到处躲藏，以免被这些巨兽吃掉。

恐龙的祖先生活在镶嵌踝类主龙的阴影下

我们知道恐龙在白垩纪时期成为地球上的霸主，这中间发生了什么事，使得恐龙得以崛起？

主龙形类

对此，古生物学界有两种猜想：第一种猜想是恐龙与镶嵌踝类主龙之间爆发战争，最终恐龙打败了镶嵌踝类主龙，占据了它们的领地，成为新的霸主；第二种猜想是镶嵌踝类主龙自己消失了。这两种猜想到底哪种接近事实真相呢?

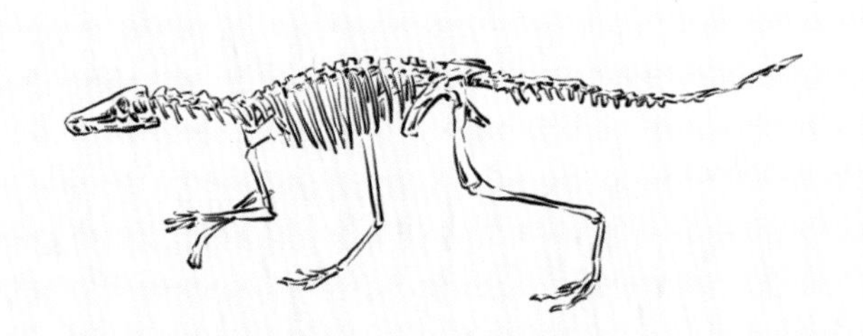

镶嵌踝类主龙（兔鳄）骨架

**我们先来看第一种猜想——恐龙战胜了镶嵌踝类主龙和其他动物，占据了主导位置。**

第一种猜想认为恐龙先天在身体方面比其他动物更有优势，例如长着大长腿和聪明的大脑等。这与达尔文的适者生存法则相契合。恐龙的竞争对手——主龙、喙头龙类以及下孔类的部分动物与我们现在所熟悉的爬行动物，如蜥蜴、鳄鱼等相似。它们的四肢从身体侧面长出来，从正面看是“O 形腿”，移动时前后肢要画出很大的弧形，而且它们的脊柱需要左右扭动，腹部紧贴地面。这样的姿势导致它们并不能长时间快速地移动。

**此外，它们四肢的结构，导致它们四肢摆动的幅度很小。**

马拉鳄龙

**当时恐龙的祖先们演化出了可以快速移动的大长腿，而且可以站立，用双足行走。**

**主龙类动物**

一些古生物学家认为恐龙站立行走的姿势让恐龙有了很大的竞争优势，它们靠着能够快速奔跑的大长腿打败了那些肚皮贴着地面行走的下孔类动物、喙头龙和一些主龙类动物。

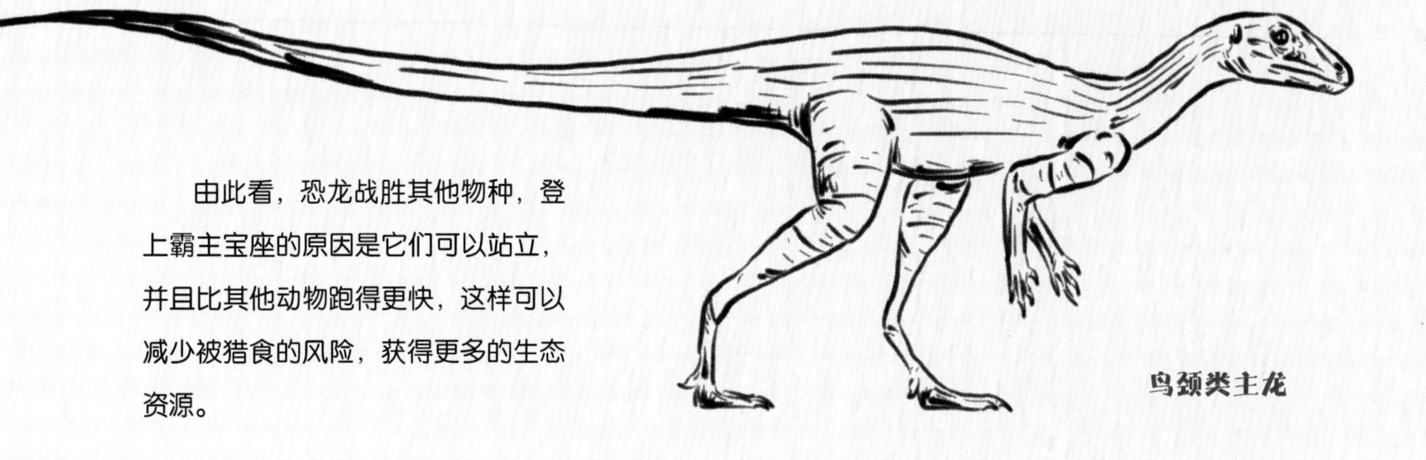

由此看，恐龙战胜其他物种，登上霸主宝座的原因是它们可以站立，并且比其他动物跑得更快，这样可以减少被猎食的风险，获得更多的生态资源。

**鸟颈类主龙**

这个理由显然不能说服所有的古生物学家，因为物种的演化并不是单向的，也不是线性延续的。随着研究的深入，古生物学家发现恐龙并不是唯一具有站立和快速奔跑优势的动物。

**鸟颈类主龙**

鸟颈类主龙属于主龙类的演化支。鸟颈类主龙的特征是挺立的步态与 S 状曲线的脖子。古生物学家根据它们脖子的形态，将其命名为“鸟颈类主龙”。鸟颈类主龙包括两个次演化支：恐龙形态类、翼龙目。

**古生物学家认为，鸟颈类主龙同样可以快速奔跑，而且大多数镶嵌踝类主龙可能也具有快速行走的能力。**

有人对这种观点提出质疑，如果当时的恐龙是依靠自身优势而占据生态主角的位置，那么恐龙的数量和种类应该迅速增加。

**然而古生物学家发现，**恐龙形类和早期恐龙的化石数量并没有其他动物的丰富，并且分布也不广泛，只局限于冈瓦纳大陆西部。而且从早期恐龙化石演化的角度来看，它们“弱小又无助的时期”延续了很长一段时间。

冈瓦纳大陆又称“南方大陆”，是大陆漂移说所设想的南半球超级大陆，包括现在的南美洲、非洲、澳大利亚、南极洲以及印度半岛和阿拉伯半岛。研究表明，还包括中南欧和中国的喜马拉雅山等地区。

**冈瓦纳大陆**

**恐龙到底是如何突破重围，崛起并成为地球霸主的呢？古生物学家将注意力放到当时的环境上，毕竟做成一件事情需要天时、地利、人和多重要素。**

于是古生物学家提出了第二种猜想，认为恐龙的崛起是机会主义的体现。三叠纪末期发生了一次大灭绝事件，恐龙的竞争对手全部灭绝，而恐龙在这次灭绝事件中幸存下来，之后便不费吹灰之力成为地球的霸主。

这对于恐龙来说，简直就像中彩票，竞争对手竟然就这样被“团灭”了。当时到底发生了什么样的灾难，导致生物大灭绝呢？

古生物学家研究发现，当时遍布地球，占主导位置的植食性动物——喙头龙，在2.3亿年前的某一个特定的时间点突然消失了。

地层中的化石显示，喙头龙的化石数量不是递减以至消失，而是在这一地层，它们还在，但在该地层上升几米的位置，却完全没有它们化石的踪迹。

古生物学家由此推测在 2.3 亿年前发生过一次大规模的灭绝事件。

古生物学家通过对岩层进行研究，发现当时发生了一系列的火山大喷发，火山喷发导致大量二氧化碳排放到大气中，紧接着全球变暖，并开始下酸雨，从而导致海洋酸化，海中的氧气大量流失。随之气候也受到影响，火山喷发结束后，气候变得异常干旱。大部分动物没有挺过这次灾难，其中包括当时数量庞大的植食性动物喙头龙。

从生态学角度看，一种占主导地位的动物灭绝后，马上会有新的物种填补空缺的生态位。数据表明确实如此，喙头龙存在时，恐龙数量占整个动物种群数量的 5%~10%；喙头龙灭绝后，恐龙数量迅速提升，占整个动物种群数量的 50% 以上。

**这次灭绝事件后，幸存的恐龙填补了部分生态位空缺，进入多样性爆发式增长阶段。**

2.3 亿年前的这场灭绝事件只是帮恐龙解决了一部分竞争者，如喙头龙等，其最主要的竞争者——镶嵌踝类主龙还顽强地占领着地球。真正为恐龙扫清障碍的是三叠纪末期那次惨绝人寰的大灭绝事件。

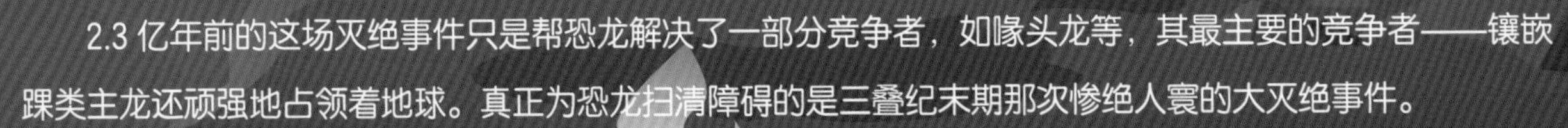

**地球出现生命以来发生过五次大灭绝事件，三叠纪末期的大灭绝事件是其中第四次集群灭绝事件。这次灭绝事件彻底改变了恐龙的命运。**

**三叠纪时期的世界是怎样的呢？**

当时地球上的所有大陆板块都连在一起，是一块巨大的陆地，人们称其为“盘古大陆”。当只有一块大陆时，从赤道到两极的温差不会像现在这么大，气候较为稳定。古生物学家推测当时整个大陆应该广泛分布着动物。

**地幔**

地壳下面是地球的中间层，叫作“地幔”，厚度约2865公里，主要由致密的造岩物质构成，是地球内部体积最大、质量最大的一层。

**到三叠纪晚期，**大陆板块的剧烈活动使得如今加拿大西海岸一带发生了一系列猛烈的火山喷发，持续了数千年。随着熔岩一起喷发出的还有大量的二氧化硫和二氧化碳，这些有害气体导致酸雨产生、海水酸化。酸雨会严重危害植物、土壤和动物。

这样长时间持续的恶劣环境导致地球上的大部分生命灭绝，其中包括恐龙最主要的竞争对手——镶嵌踝类主龙。

镶嵌踝类主龙

**许多动物在这次惨烈的天灾中灭绝了，而幸存下来的恐龙在进入侏罗纪时代后迎来了家族的兴盛。**

**侏罗纪时期的陆地环境不再是险象环生，而是一片平和，这为存活下来的恐龙提供了繁衍生息的温床。**经历了三叠纪的浩劫，大量动物灭绝，为恐龙腾出了生态位，曾经生活在大型爬行动物阴影下的恐龙终于翻身做了主人。而且，当时的气候适宜恐龙生存，再加上随着陆地板块漂移，大量的海岸线形成，沿海地区变多，恐龙数量迅速增长。

同时，由于地质活动产生的岩浆大量堆积，海平面上升，气候逐渐变得凉爽湿润，植物变得繁茂，内陆地区也遍布植物，到处都是森林。

**湿润的气候有利于植物的生长。侏罗纪时期，**除三叠纪时期遗留下来的蕨类植物，还演化出枝繁叶茂的松柏类、苏铁和银杏等裸子植物。裸子植物大多长得很高大，可谓是专门为植食性恐龙提供的食物，因为这样高大树木上的叶子，小型哺乳类动物和其他小型爬行动物很难采食。

生活在食物丰富环境中的植食性恐龙，其数量、种类迅速增长，并演化出各种蜥脚类恐龙，如梁龙、腕龙以及马门溪龙等超级巨龙。紧接着，以它们为食的肉食性恐龙也开始大量出现，如异特龙、角鼻龙等。

**角鼻龙**

角鼻龙又名“刺龙”或“角冠龙”，是侏罗纪晚期的大型肉食性恐龙，长着巨大的头部、短前肢、粗壮的后肢以及长尾巴，是顶级猎食者。

**就这样，恐龙家族逐渐占领地球，成为整个生态系统的霸主。**

**到侏罗纪晚期，蜥脚类恐龙演化到巨型化的顶峰，它们行走时，大地都会为之震动。**兽脚类恐龙，如异特龙等，体形也较大，身长达到 10 米左右。古生物学家通过化石，发现在侏罗纪时期，恐龙的身影已经遍布全球。到白垩纪时期，恐龙更是进入全盛期。

单纯地将恐龙的崛起归功于机会主义，这是片面的。俗话说打铁还需自身硬，恐龙自身适应环境的本领并不差。恐龙抓住了大自然赐予的机会，迅速崛起，占领了当时空缺的生态位，登上了自然界霸主的舞台。

# 恐龙的快与慢

1979 年，古生物学家在蒙古人民共和国发现了镰刀龙家族成员——慢龙，它的骨骼化石保存得非常完整。古生物学家根据化石，发现它体形臃肿，大腹便便，行动缓慢，因此给它起了一个绰号“懒龙”。慢龙的属名为“*Segnosaurus*”，意为缓慢的蜥蜴，反映了它行动缓慢的特征。

**镰刀龙家族的早期成员并不都是挺着“啤酒肚”，行动缓慢。古生物学家发现义县建昌龙、意外北票龙以及四合当凌源龙，它们都长着一双大长腿，奔跑速度很快，是实实在在的“运动健儿”。**

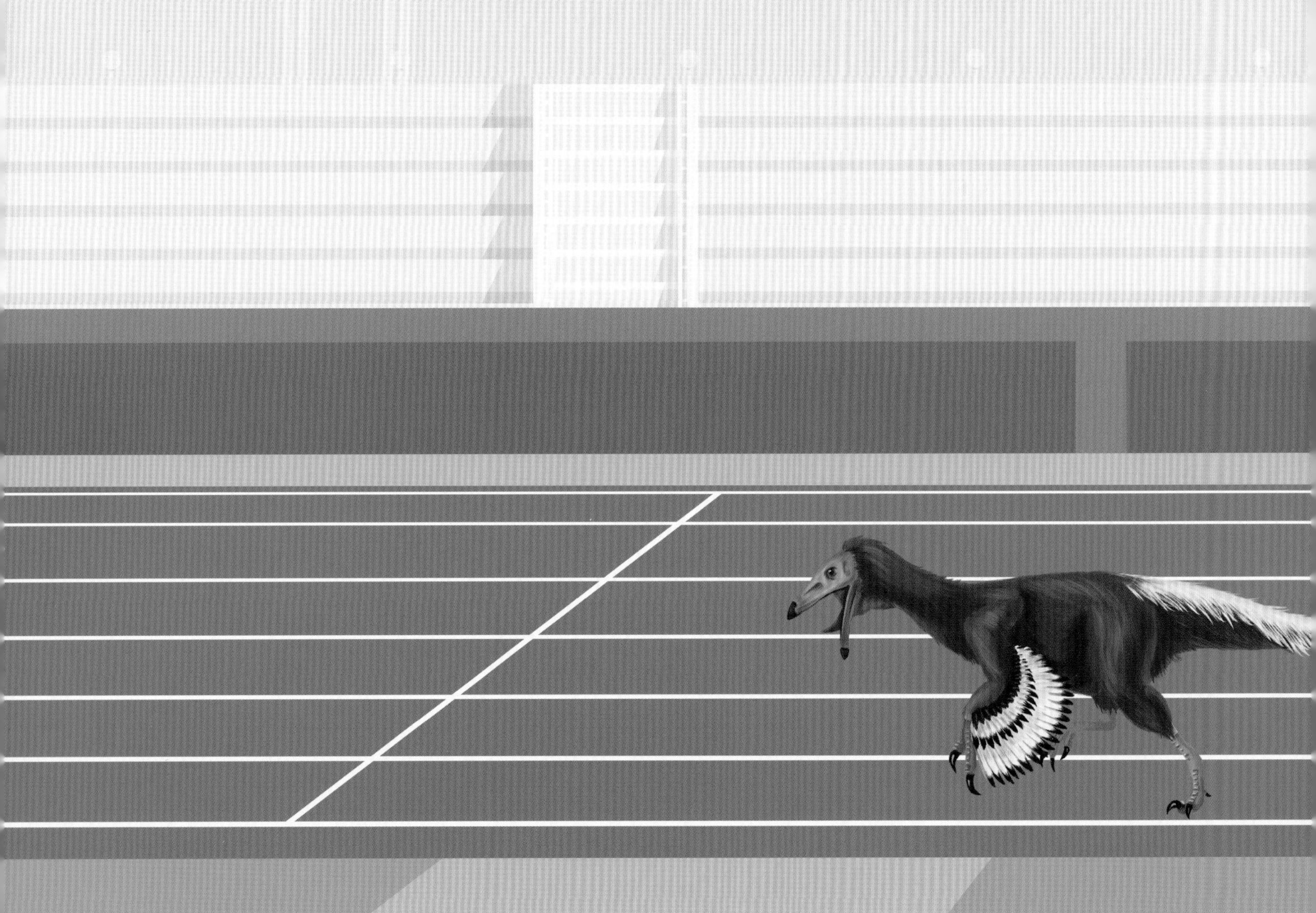

同为镰刀龙家族的成员，运动能力却如此不同，有的是“运动健儿”，有的却行动迟缓。

**古生物学家是如何发现它们在运动方面的区别的呢？**

**从生物力学角度来看，任何动物的运动速度都与体形和体重有着莫大的关系。相对而言，体形又大又胖的行走速度慢，体形较苗条的行走速度快。**

此外，小腿比大腿长的跑得比较快，反之则较慢。这些都是较为浅显的推测手段，古生物学家是如何精确探究恐龙的行走速度的呢？

恐龙在史前便已灭绝，不像现生动物，我们可以清楚地看到它们的行走方式，只需要给它们安装先进的定位系统，就可以精确地知道它们行走的速度。

可面对已经灭绝的恐龙，古生物学家只能依据一些骨骼化石和足迹化石来计算恐龙行走的速度，这是一件很困难的事。而且，不同恐龙的形态以及行走速度不同，相关因素出现偏差会使研究结果偏离事实。

**可就是在这样困难重重的情况下，古生物学家逐渐探索出了相对科学的判断方法，从过去通过直觉判断变为现在通过计算机模拟，最终得出接近事实的答案。**

**探究恐龙行走速度之前，首先要明确恐龙的行走姿势，是四足行走还是两足行走，这对行走速度的计算有重要的影响。**

古生物学家为了明确恐龙的行走姿势，进行了大量的研究，他们最初认为恐龙像一只巨大的鳄鱼，用四足行走；还认为它们像巨型犀牛；之后又认为它们像袋鼠一样，用双足站立，尾巴拖地，可以快速奔跑。

**随着化石发现数量的不断增加和研究的深入，古生物学家最终掌握了恐龙的走路姿势：**它们在行走和奔跑时背部平行于地面，脊椎和尾巴呈一条线，身体前端与尾端就像跷跷板的两边，达到平衡状态。

**当然，这是两足行走的恐龙的姿势，那么四足行走的恐龙，例如蜥脚类恐龙，它们的四只脚是如何移动的呢？**

古生物学家最初认为它们会像现生的大象一样，采用横向对联步态的方式行走，就是身体同侧的前后肢一起迈步，我们俗称这种走路方式为“顺拐”。

近年来，古生物学家对新发现的蜥脚类恐龙足迹化石进行研究，发现它们并不是这样的步伐，而是可能像河马一样，采用对角联步的行走方式，就是对角的前后肢一起迈步。对角联步相对于“顺拐”而言，保证了蜥脚类恐龙在行走时身体两侧至少有一只脚着地。这样的姿势，稳定性更强。

河马

**明确了正确的走路姿势后，古生物学家又开始探究恐龙的行走速度，对此进行了很多探索。**

**目前有两种测量恐龙行走速度的方法：**一种是“骨骼肌肉建模法”，用计算机对恐龙的骨骼和肌肉进行建模，以此来推测它们行走的速度；另外一种是“足迹化石法”，根据恐龙的足迹化石，通过步幅与运动轨迹来估算恐龙的行走速度。两种估算方法各有利弊。

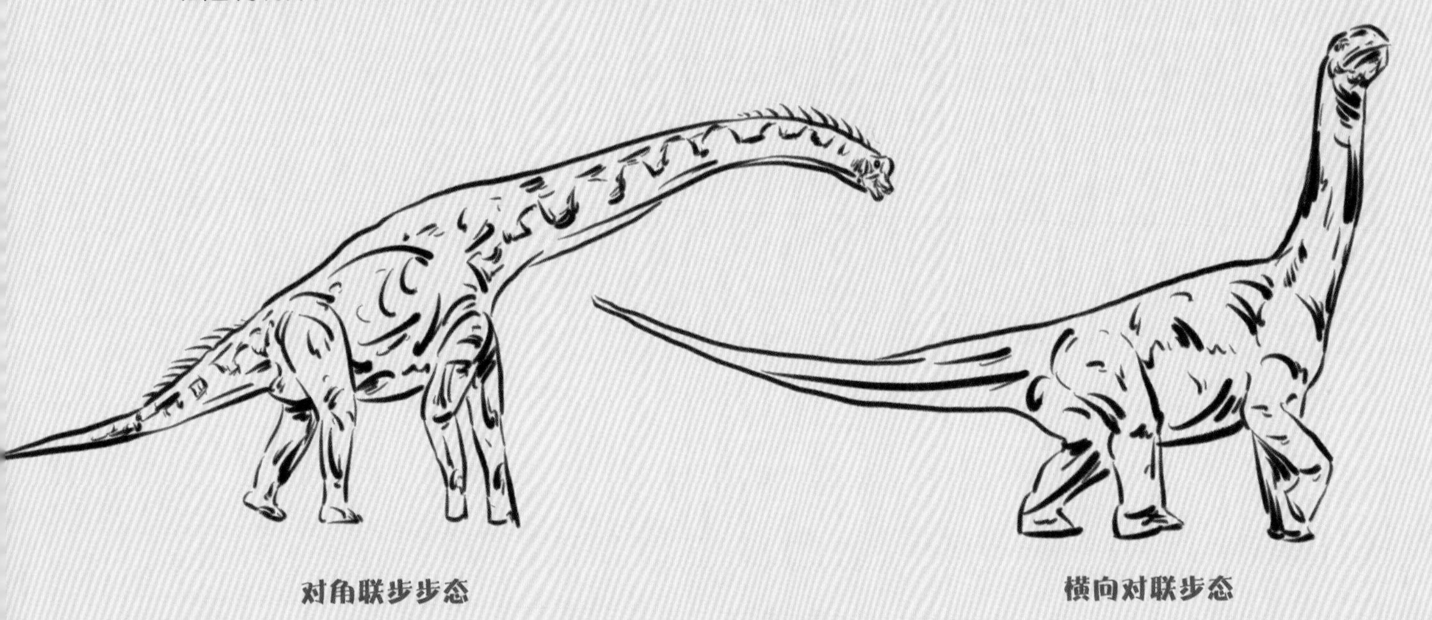

对角联步步态　　横向对联步态

**“骨骼肌肉建模法”需要参照现生动物的腿骨长度、围度与附着在上面的骨骼肌含量等数据，**根据这些数据，以恐龙腿骨化石模拟出骨骼肌，然后根据大量现生动物骨骼肌的强度与奔跑速度等数据，推测出恐龙的行走速度。

**除了这些，最重要的是，要掌握恐龙正确的走路姿势，因为不同的姿势会得出不一样的结果。相对准确的行走速度要在接近事实的步态的基础上得出。**

古生物学家以暴龙为例，设计了上千种步态，而判断步态是否符合实际，关键是地面反作用力，即与恐龙身体施加给地面大小相等、方向相反的力。

地面反作用力可以用来确定恐龙腿部的姿势是否正确，如果腿部伸得过直，反作用力方向位于膝盖前方，这样恐龙重心偏前，会向前跌倒；如果腿部过于弯曲，反作用力方向在膝盖后方，重心偏后，这样就会向后跌倒。所以，恐龙腿部太直或太弯都不可取，弯曲程度刚好时，腿部姿势是最省力、最符合实际的。

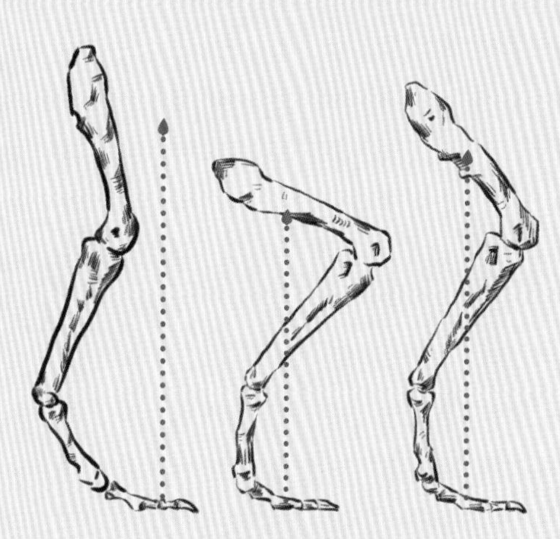

**膝部力矩**

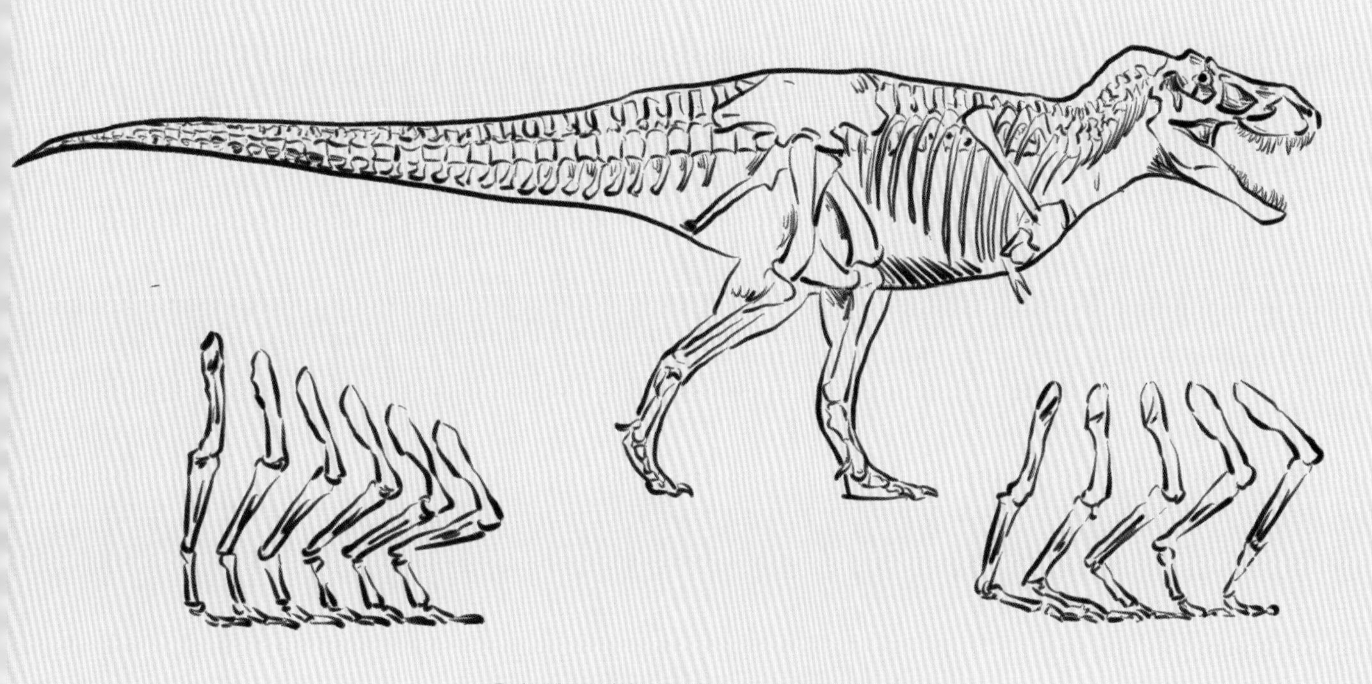

**暴龙体形的轮廓及各种可能的腿部形态**

**一些古生物学家曾做过一个十分有趣的实验，用鸡来模拟兽脚类恐龙的运动方式。**

给鸡的尾巴增加重量以后，让鸡的重心后移，这样鸡走路的姿势就与暴龙相接近了。除了行走姿势，腿部肌肉的数量、力量与速度，还受体重的影响。

古生物学家参照鸡的腿部肌肉与整个体重的比例来确定暴龙的腿部肌肉量，发现暴龙的腿部肌肉量最多可以占到体重的 30%。根据这个数值，古生物学家推测暴龙行走的速度在每小时 16~35 千米之间。

骨骼和肌肉

**“骨骼肌肉建模法”也存在一定的弊端，无论是鸡还是其他现生动物，它们作为实验对象，与史前便已灭绝的动物有很大的差异，这种差异性在类比的过程中会导致偏差的出现，影响结果的准确性。**

采用不同的计算方法，得出的恐龙行走速度的数值各不相同。“足迹化石法”依据的是最直观的恐龙脚印。早在 1976 年，马克内尔·亚历山大就提出了一个计算动物移动速度的方法。这个方法对于四足行走的动物和两足行走的动物都适用，大家用现生动物来做检验，得出的数据十分准确。

足迹化石

**他还提出用恐龙的足迹化石来计算恐龙的移动速度**。

这个计算公式需要知道恐龙的步幅与臀部高度，而通过足迹化石，我们可以知道恐龙的步幅。之后，马克内尔·亚历山大又通过大量的数据，得出恐龙的臀部高度是其脚长的 4 倍，从而算出了恐龙的移动速度。

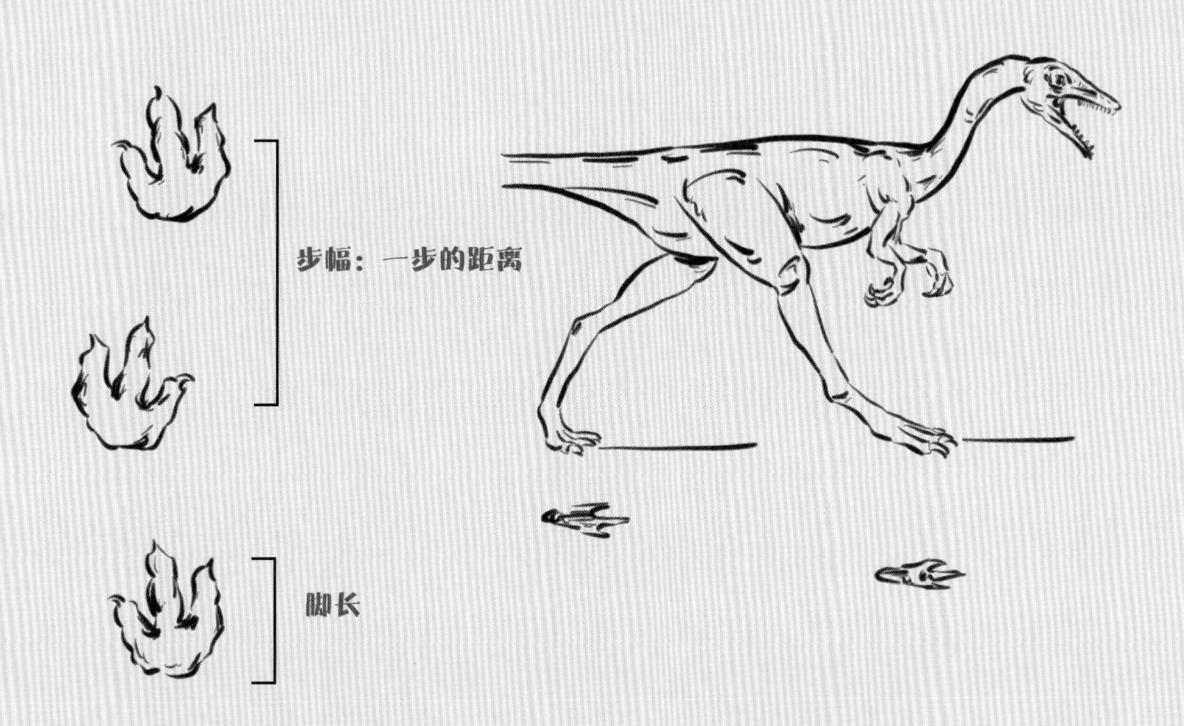


**马克内尔·亚历山大通过“足迹化石法”算出恐龙的行走速度，其值在每小时 4 ~ 13 千米之间**。其中，暴龙的行走速度在每小时 5 ~ 8 千米之间。

有一些古生物学家对这一结果并不认可，他们认为这样的方法不能计算出恐龙最快的奔跑速度，因为不同的路面情况会影响奔跑速度，例如在沙地和泥地中奔跑肯定比在坚硬的陆地上奔跑速度慢。

暴龙

最近一些古生物学家对“足迹化石法”进行了提升，新公式的设计结合了计算机模拟与物理动力学，根据动态相似性（现生的动物和灭绝的动物有着共同的基本运动机械特性）测算出恐龙的移动速度。

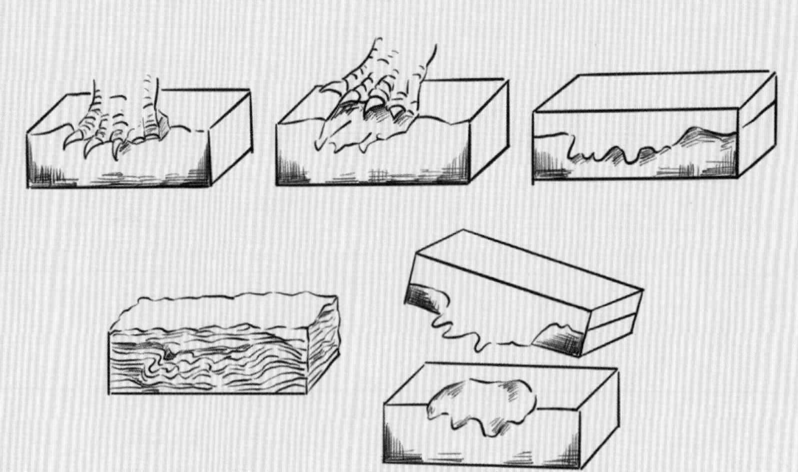

恐龙足迹的形成过程

**古生物学家曾对两只恐龙的足迹化石进行研究，发现这两只恐龙约 2 米高，4~5 米长**。

这两只恐龙奔跑速度最快可以达到约每小时 45 千米，属于中型兽脚类恐龙。古生物学家得到两组数据，都反映出提速状态，一种是平稳持续的提升速度，速度约为每小时 23.4 ~ 37.1 千米；另一种行进速度出现急剧的变化，这意味着这只恐龙非常敏捷，可能在一边奔跑一边调整方向，速度达到每小时 31.7 ~ 44.6 千米。

**这项研究发现，恐龙中奔跑速度最快的可能是中型兽脚类恐龙**。

奔跑中的兽脚类恐龙

**当然，“足迹化石法”也存在一定的弊端，这项研究所采用的动态相似性以人类、鸟类和四足哺乳动物等为基础，可这些动物的体形与已经灭绝的兽脚类恐龙不同，这样就会在一定程度上产生差异**。

公式中的变量为步幅和臀部高度，即使是同一个物种的两个个体，它们的步幅和臀部高度均相同，因为存在个体差异，它们的移动速度也是不尽相同的。

如果我们与马拉松冠军的步幅和臀部高度均相同，就能在两个多小时内完成一场马拉松比赛吗？很明显不能。

**可见动物的奔跑速度不仅与腿长和步幅有关，还与个体的肌肉力量、心肺功能等息息相关。**

**所以，无论是“足迹化石法”还是“骨骼肌肉建模法”，都存在着一定的局限性。但是在古生物学界，对于恐龙的研究从过去的凭直觉猜测发展到现在用计算机进行模拟，这是从零到一的过程，体现了科学技术的进步。**

现阶段得到的结果可能存在一定的误差，但这是使我们接近真相，触及真实的恐龙世界的必要环节，是我们搭建史前恐龙世界的一块基石。这些研究提醒我们，恐龙世界还有很多未知的领域，需要我们进一步探索和研究。

# 第四章 追寻恐龙

提起恐龙，许多人脱口而出的可能是暴龙、三角龙、梁龙和腕龙，但这些都是生活在史前北美洲的恐龙。你是恐龙迷吗？你能说出几种生活在中国的恐龙吗？你知道世界上发现恐龙数量最多的是哪个国家吗？

截至2022年4月，中国已经研究并命名了338种恐龙，并且每年还在以10个左右的新种类增长。目前，古生物学家在全国22个省级行政区发现了恐龙化石，其中辽宁、内蒙古和四川地区埋藏着丰富的恐龙化石，是名副其实的“恐龙大户”。

# 镰刀龙家族来报到

我是阿乐斯台阿拉善龙，我的化石发现于内蒙古自治区阿拉善盟。

我是杨氏内蒙古龙，我的化石发现于内蒙古自治区锡林郭勒盟。

我是美掌二连龙，我的化石发现于内蒙古自治区二连浩特市。

我是意外北票龙，我的化石发现于辽宁省北票市。

我是义县建昌龙，我的化石发现于辽宁省葫芦岛市。

我是似大地懒肃州龙，我的化石发现于甘肃省俞井子盆地。

我是短棘南雄龙，我的化石发现于广东省南雄市。

我是四合当凌源龙，我的化石发现于辽宁省凌源市。

我是出口峨山龙，我的化石发现于云南省玉溪市。